5

Band 18 · Mai 1982

isotopenpraxis

AKADEMIE-VERLAG

ISSN 0021-1915 Isotopenpraxis, Berlin 18 (1982) 5, 157-200

EVP 9,- M 32036

An unsere Autoren

Die Zeitschrift veröffentlicht Beiträge zu folgenden Themen: Kontrolle und Analyse radioaktiver und stabiler Isotope, Anwendung radioaktiver und stabiler Isotope in allen Gebieten der Forschung und Technik der Industrie, Landwirtschaft und Medizin, Herstellung radioaktiver und stabiler Isotope sowie von markierten Verbindungen, kernelektronische Geräte für die Isotopenanwendung (Dickenmesser, Dichtemesser u. ä.) Detektoren für isotopentechnische Arbeiten und den Strahlenschutz in Isotopenlaboratorien, Meßtechnik und Strahlenschutz, Dosimetrie in Isotopenlaboratorien, kerntechnische Geräte für die Isotopenanwendung (Beton, Bestrahlungsanlagen u. ä.), Strahlenchemie, Radiochemie, ökonomische und perspektivische Fragen, Fragen der Weiterbildung.

1. Aufnahme von Manuskripten

Zur Veröffentlichung angenommen werden nur druckreife, noch nicht anderweitig publizierte Beiträge in deutscher, englischer oder russischer Sprache zum Themenbereich der Zeitschrift und zwar

- Originalarbeiten
- Kurze Originalmitteilungen
- Aus der Praxis
- Zusammenfassende Berichte
- Tagungsberichte
- Informationen.

Sind der Beitrag oder Teile daraus bereits veröffentlicht oder ist eine anderweitige Veröffentlichung vorgesehen, so muß dies der Redaktion mit genauer Angabe der Zweitveröffentlichung mitgeteilt werden. Mit der Annahme des Manuskriptes behält sich der Verlag das Recht der Vervielfältigung, Verbreitung und Übersetzung innerhalb der gesetzlichen Schutzfrist vor. Auszugsweiser Nachdruck oder photomechanische u. a. Wiedergabe sind an eine schriftliche Genehmigung des Verlages gebunden. Manuskripte, Zeichnungen und Photos von veröffentlichten Arbeiten werden nur auf den besonderen und bis zum Zeitpunkt der Veröffentlichung mitgeteilten Wunsch des Autors zurückgesandt.

Bei der unverlangten Einreichung von Manuskripten wird empfohlen, eine Befürwortung eines der Herausgeber oder Redaktionsausschußmitglieder beizufügen.

Manuskripte sind einzureichen bei der Redaktion, DDR-1086 Berlin, Leipziger Str. 3–4.

2. Form der Manuskripte

Die Autoren werden gebeten:

2 Manuskripte, eines davon in Original-Maschinenschrift, einseitig und mit 2zeiligem Abstand einzureichen; gut leserliche Photokopien sind zulässig; auf dem 1. Blatt (unter Weglassung der Bezeichnung)

- den Titel der Arbeit
- Vorname-Initialen und Namen sämtlicher Autoren
- gegebenenfalls die Institution, in der sie tätig sind
- eine kurze Zusammenfassung der Arbeit von höchstens 15 Zeilen
- Keywords in alphabetischer Reihenfolge und
- als Fußnote die Anschrift der Institution anzugeben;

wenn möglich auf gesonderten Blättern Namen, Titel der Arbeit und Zusammenfassung in den beiden anderen obengenannten Sprachen 2fach beizufügen;

Literaturhinweise (fortlaufend numeriert), Fußnoten, Tabellen, Abbildungen (in 2–3facher Veröffentlichungsgröße), Abbildungsunterschriften (getrennt von den Abbildungen, mit Zeichenerklärungen, Quellenangaben, falls erforderlich, und gegebenenfalls mit einem Vermerk für besondere Wünsche bezüglich der Abbildungsgröße), private und Dienstanschrift der Verfasser mit akademischen Titeln und ausgeschriebenen Vornamen auf besonderen Blättern ans Ende des Manuskriptes zu stellen;

Wünsche für den Kolumnentitel (Seitenüberschrift) bekanntzugeben;

Absätze durch Einzüge von mindestens 3 Anschlägen kenntlich zu machen; die Maßeinheiten des SI-Systems ("Systéme International") zu verwenden; Korrekturen im Manuskript unmittelbar an der zu korrigierenden Stelle anzubringen;

Formeln deutlich lesbar und möglichst groß einzutragen;

Farbabbildungen und nachträgliche Änderungen oder Ergänzungen in Abbildungen zu vermeiden;

hervorzuhebende Textstellen zu unterstreichen, und zwar halbfetten Satz mit einer geraden schwarzen Linie, kursiven Satz (Schrägschrift) mit einer blauen Wellenlinie (alle Eigennamen). Sperrungen gestrichelt;

besondere Buchstaben durch farbige Unterstreichung zu kennzeichnen, und zwar Formelzeichen in

- Griechisch-Kursiv ($\alpha, \beta, \ldots$) rot,
- Kursiv ($A, B, \ldots$) blau
- halbfetter Kursiv ($\boldsymbol{A}, \boldsymbol{B}, \ldots$) 2 Linien blau (Vektoren),
- halbfetter Grotesk ($\mathbf{A}, \mathbf{B}, \ldots$) 2 Linien violett (Tensoren);

bei Literaturangaben auf Vollständigkeit zu achten. In nachstehender Reihenfolge müssen angegeben sein:

a) bei *Zeitschriften*: Vorname-Initialen und Namen sämtlicher Autoren Titel der Zeitschrift (nach ,,Periodica Chimica" oder möglichst wenig gekürzt), Bandnummer (unterstrichen), Jahreszahl (in Klammern), Heftnummer (nur bei Zeitschriften, die jedes Heft mit S. 1 beginnen) sowie die Seitenzahl, auf der die zitierte Arbeit beginnt.

b) bei *Büchern*: Initialen der Vornamen und Name des Autors (Herausgeber werden durch den Zusatz ,,ed." gekennzeichnet), voll ausgeschriebener Titel des Buches in der Originalsprache, evtl. Bandnummer, voll ausgeschriebener Name des Verlages, Nummer der Auflage (außer der ersten), Erscheinungsort(e), Erscheinungsjahr (hier nicht in Klammern setzen!) und evtl. Kapitelnummer, Seitenzahl u. ä.

c) bei *Sammelbänden, Tagungsberichten*: Es soll zusätzlich der Titel des zitierten Beitrags angegeben werden. Die Seitenzahl muß unbedingt angegeben werden. Aus dem Zitat muß hervorgehen, ob es sich um einen Tagungssammelband oder um einen noch nicht veröffentlichten Vortrag handelt. Zwischen Tagungsort und Erscheinungsort des entsprechenden Tagungsberichts ist zu unterscheiden.

3. Korrekturen

Der Autor erhält zwei Umbruchabzüge, von denen einer möglichst schnell korrigiert an die Redaktion zurückgereicht werden soll. Auf Wunsch des Autors kann die Korrektur auch von der Redaktion gelesen werden.

Durch nachträgliche Manuskriptänderungen verursachte Korrekturkosten gehen, sofern sie 10% der Satzkosten übersteigen zu Lasten des Autors.

Der Autor erhält 50 Sonderdrucke kostenlos. Weitere Sonderdrucke können bis zur Rückgabe der Korrekturabzüge auf Kosten des Autors bei der Redaktion bestellt werden.

Bezugsmöglichkeiten

Bestellungen sind zu richten

- **in der DDR** an den Postzeitungsvertrieb unter Angabe der Kundennummer des Bestellenden oder an den AKADEMIE-VERLAG, DDR-1086 Berlin, Leipziger Straße 3–4, PF-Nr. 1233
- **im sozialistischen Ausland** an eine Buchhandlung für fremdsprachige Literatur oder an den zuständigen Postzeitungsvertrieb
- **in der BRD und Berlin(West)** an eine Buchhandlung oder an die Auslieferungsstelle KUNST UND WISSEN, Erich Bieber OHG, D-7000 Stuttgart 1, Wilhelmstraße 4–6
- **in den übrigen westeuropäischen Ländern** an eine Buchhandlung oder an die Auslieferungsstelle KUNST UND WISSEN, Erich Bieber GmbH, CH-8008 Zürich, Dufourstraße 51
- **im übrigen Ausland** an den Internationalen Buch- und Zeitschriftenhandel; den Buchexport, Volkseigener Außenhandelsbetrieb der Deutschen Demokratischen Republik, DDR-7010 Leipzig, Postfach 160; oder an den AKADEMIE-VERLAG, DDR-1086 Berlin, Leipziger Straße 3–4

Zeitschrift ,,Isotopenpraxis"

Herausgeber: Im Auftrag des Akademie-Verlages herausgegeben von Prof. Dr. Justus Mühlenpfordt
Verlag: Akademie-Verlag, DDR-1086 Berlin, Leipziger Straße 3–4; Fernruf: 2236221 oder 2236229; Telex-Nr.: 114420;
Bank: Staatsbank der DDR, Berlin, Kto.-Nr.: 6836-26-20712
Verantwortlich für den Inhalt des Heftes: Prof. Dr. H. Hübner, Leipzig
Anschrift der Redaktion (Fernruf Frau H. Schier: 6351177) der Zeitschrift Isotopenpraxis: Akademie-Verlag, DDR-1086 Berlin, Leipziger Str. 3–4, PF-Nr. 1233
Veröffentlicht unter der Lizenznummer 1527 des Presseamtes beim Vorsitzenden des Ministerrates der Deutschen Demokratischen Republik
Gesamtherstellung: VEB Druckerei ,,Thomas Müntzer", DDR-5820 Bad Langensalza
Erscheinungsweise: Die Zeitschrift ,,Isotopenpraxis" erscheint monatlich. Die 12 Hefte eines Jahrganges bilden einen Band. Bezugspreis je Band 180,– M zuzüglich Versandspesen (Preis für die DDR 108,– M) Preis je Heft 15,– (Preis für die DDR 9,– M)
Bestellnummer dieses Heftes: 1079/18/5

AN (EDV) 12831

ISOTOPENPRAXIS

Band 18 (1982) Heft 5, S. 157 – 200

Redaktion und Verlag: Akademie-Verlag, Redaktion Isotopenpraxis, 1086 Berlin, Leipziger Straße 3 – 4

Inhaltsverzeichnis

(Fortsetzung des Inhaltsverzeichnisses auf der Rückseite des 2. gelben Blattes)

ISOTOPENPRAXIS

Band 18 (1982) Heft 5, S. 157–200

Redaktion und Verlag: Akademie-Verlag, Redaktion Isotopenpraxis, 1086 Berlin, Leipziger Straße 3–4

Contents

Progress Reports

G. Reinhard

Use of Radiotracer Techniques in Corrosion Research
Part II: Detection and Characterization of Adsorption Processes

Isotopenpraxis 18 (1982) No. 5, p. 157 to 163
6 Fig., – Tab., 87 Ref.

Adsorption processes have an enormous impact on the corrosion of metals as phase boundary reactions. Extensive experimental material exists, which deals with the characterization of these processes by means of radiotracer techniques. In the present report their evaluation was carried out on the basis of theoretical explanations. Special stress is laid on adsorption processes related to particles, which in gaseous and liquid media stimulate or inhibit the corrosion of metals.

Articles

G. Meier, K. Mauersberger

NOI-6 – a New Emission Spectrometer for ^{15}N Determination

Isotopenpraxis 18 (1982) No. 5, p. 164 to 170
8 Fig., 1 Tab., 20 Ref.

The principle and performance of the recently developed emission spectrometric ^{15}N analyzer NOI-6 is explained. It is an IC-equipped model with digital read-out for measuring ^{15}N abundances on standard discharge tube, semi-micro discharge tubes, and ammonium salt solutions, the latter by means of an integrated sample transformation system.

K. Gloe, P. Muehl, A. I. Kholkine, M. Meerbote, J. Beger

On the Extraction of Metallic Salts by Means of Macrocyclic Crown Ethers

Isotopenpraxis 18 (1982) No. 5, p. 170 to 175
9 Fig., – Tab., 52 Ref.

Macrocyclic crown ethers owing to their stereoselective complexing ability with metal ions are suitable to be used as extracting agents. Taking eight crown ethers substituted in a different way each as examples, the extracting properties of these compounds with regard to a series of alkaline, alkaline earth and transition-metal salts have been studied. The obtained series of garded extractability on the whole follow the gradation of complex stability constants. As a rule, the composition of extracted metal complexes corresponds with the form MLA_n or ML_2A_n, respectively. Furthermore, the extraction of metallic anions of the form $M^1LM^2A_m$ is possible.

G. Christoph

Thermodynamic Isotope Effects in Silicates
II. Calculation of Isotopic Exchange Equilibria for Systems Interesting in Geology

Isotopenpraxis 18 (1982) No. 5, p. 176 to 178
1 Fig., 2 Tab., 4 Ref.

Содержание

Аналитические обзоры

Г. Рейнхард

Применение радиозотопной техники в области исследования коррозии
Част II: Обнаружение и характеризация процессов адсорбции

Isotopenpraxis 18 (1982) вып. 5, стр. 157 до 163
6 рис., – табл., 87 лит.

Процессы адсорбции в качестве реакций на границе раздела фаз имеет решающее влияние на коррозию металлов. Существует обширный экспериментальный материал в отношении их характеризации с помощью радиозотопной техники. В данной статье из него сделаны выводы исходя из теоретических размышлений. При этом подробно обсуждаются процессы адсорбции частиц, которые стимулируют или ингибируют коррозию металлов в газовых или жидких средах.

Статьи

Г. Майер, К. Мауерсбергер

НОИ-6 — Новый эмиссионно-спектрометрический анализатор

Isotopenpraxis 18 (1982) вып. 5, стр. 164 до 170
8 рис., 1 табл., 20 лит.

Излагаются принципы и способ работы вновь разработанного эмиссионно-спектрометрического анализатора по ^{15}N. Речь идет об оснащенном интегрированными цепями приборе с цифровым показанием, пригодном для определения ^{15}N, выполняемого на стандартных газоразрядных трубах, полумикроразрядных трубах, растворах аммониевых солей и подаваемых снаружи пробах N_2. Переработка растворов аммониевых солей осуществляется при помощи включенной в приборе системы химической переработки проб.

К. Глоз, П. Мюль, А. И. Холкин, М. Мерботе, И. Бегер

Об экстракции солей металлов с помощью макроциклических крон-эфиров

Isotopenpraxis 18 (1982) вып. 5, стр. 170 до 175
9 рис., – табл., 52 лит.

Макроциклические крон-эфиры в связи с их стереоселективным комплексообразованием с ионами металлов пригодны как экстрагирующие агенты. На примере восьми по-разному замещенных кронэфиров рассматривалось экстрагирующее поведение данных соединений по отношению к ряду солей щелочей, щелочных земель и переходных металлов. Выявленные серии ступенчатой экстрагируемости в основном совпадают константам комплексной устойчивости. Состав экстрагированных комплексов металлов в общем соответствует общей форме MLA_n и ML_2A_n соответственно. Кроме того возможна экстракция металлических анионов типа $M^1LM^2A_m$.

Г. Христоф

Термодинамические изотопические эффекты в силикатах
Часть II: Расчетное определение равновесий обмена изотопов в геологически интересных системах

Isotopenpraxis 18 (1982) вып. 5, стр. 176 до 178
1 рис., 2 табл., 4 лит.

Die Anwendung der Radiotracertechnik in der Korrosionsforschung
Teil II: Nachweis und Charakterisierung von Adsorptionsprozessen

(Fortschrittsbericht)

G. Reinhard

(Technische Universität Dresden, Sektion Chemie, Wissenschaftsbereich Elektrochemie)[1]

Adsorptionsprozesse haben auf die Korrosion der Metalle als Phasengrenzreaktion einen entscheidenden Einfluß. Über ihre Charakterisierung mit Hilfe der Radiotracertechnik liegt ein umfangreiches experimentelles Material vor. Dessen Auswertung erfolgt im vorliegenden Bericht auf der Basis entsprechender theoretischer Betrachtungen. Besonders ausführlich werden dabei die Adsorptionsprozesse solcher Teilchen behandelt, die in gasförmigen bzw. flüssigen Medien die Korrosion der Metalle stimulieren oder inhibieren.

Keywords

adsorption; corrosion; inhibitors; metals; reviews; tracer techniques

1. Einleitung

Bei der Korrosion der Metalle als Phasengrenzreaktion können Adsorptionsprozesse naturgemäß in vielfältiger Weise auftreten. Ihre Charakterisierung ist für die Aufklärung medienspezifischer Korrosionsmechanismen der verschiedenen Gebrauchsmetalle und die Ableitung wirksamer Korrosionsschutzmaßnahmen gleichermaßen bedeutungsvoll [1, 2]. Infolge ihrer hohen Empfindlichkeit und Selektivität gehört die Radiotracertechnik zu den wenigen Verfahren, die sich zum Nachweis von adsorbierten Stoffmengen unterhalb einer monomolekularen Bedeckung eignen. Da außerdem der dazu erforderliche experimentelle Aufwand relativ klein ist [3 – 5], wurde sie bereits in vielen Varianten zur Untersuchung von Adsorptionsvorgängen eingesetzt. Nachdem kürzlich eine ausführliche Beschreibung der dafür entwickelten Arbeitsmethoden gegeben wurde [5], sollen nunmehr die zu verschiedenen Problemkreisen vorliegenden Ergebnisse zusammengefaßt und hinsichtlich ihrer Bedeutung für die Korrosionsforschung beurteilt werden.

2. Adsorption an der Phasengrenze fest/gasförmig

Der Korrosionsprozeß eines metallischen Werkstoffes ist in seiner Gesamtheit auch vom Aggregatzustand des angreifenden Mediums abhängig [1, 2]. Aus der Vielzahl der prinzipiell möglichen chemischen Reaktionen zwischen Metallen und Gasen interessieren im Rahmen der Korrosionsforschung insbesondere die der oxydierenden Gase mit Bildung einer festen Oberflächendeckenschicht als Endresultat, weil derartige Schichten häufig erst eine chemische Beständigkeit des metallischen Grundkörpers und damit seine Gebrauchsfähigkeit in bestimmten Medien gewährleisten. Um diese Art des aktiven Korrosionsschutzes optimal zu gestalten, ist aufzuklären, inwieweit der Schichtbildungsprozeß bzw. Schichtabbaureaktionen durch Adsorptionserscheinungen beeinflußt werden. Das dazu bisher vorhandene experimentelle Material gründet sich zu einem großen Teil auf die Anwendung der Radiotracertechnik. Es wird im folgenden einer kritischen Wertung unterzogen.

2.1. Die saubere Metalloberfläche als Adsorbens

Alle Metalle und Legierungen, mit Ausnahme von Gold, haben gegenüber Sauerstoff bereits bei Zimmertemperatur eine positive chemische Affinität, die die thermodynamische Ursache für die spontane Ausbildung eines primären Oxid- oder Sauerstoffsorptionsfilms bei Kontakt der Metalle mit Luft darstellt [1, 2, 6]. Sollen aus Grundlagenuntersuchungen im Labormaßstab Aussagen über die Adsorption gasförmiger Stoffe an Metalloberflächen resultieren, dann ist es erforderlich, als Ausgangszustand dafür eine völlig deckschichtfreie Metalloberfläche vorzulegen. Anderenfalls erfaßt man in erster Linie Wechselwirkungen zwischen Primärbedeckung des Metalls und angrenzender Gasphase bzw. dadurch initiierte Folgeprozesse. Die Herstellung völlig sauberer Metalloberflächen gelingt praktisch nur durch Metallverdampfung in Ultrahochvakuum-Einrichtungen (vgl. z.B. [7]) sowie durch das Ionenätzen in HF-Sputtering-Anlagen [8]. Wendet man dagegen das mechanische Schleifen, Elektropolieren oder chemische Ätzen zur Oberflächenvorbehandlung von Metallen an, dann ist im allgemeinen mindestens wieder eine Primäroxidschicht vorhanden, bis eine solche Metallprobe für anschließende Adsorptionsuntersuchungen zum Einsatz kommt [1, 2, 6].

Die Bedingungen für die Gewährleistung einer sauberen Metalloberfläche lassen sich mit Hilfe der auf der kinetischen Gastheorie basierenden Beziehung

$$p = \sqrt{\frac{2\pi \cdot m \cdot k_B \cdot T}{\omega_{\text{Haft}} \cdot \tau}}\,\frac{N_{\text{ads}}}{A} \tag{1}$$

abschätzen [9]. Dabei bedeuten: p – Druck; m – Masse eines adsorbierten Teilchens; k_B – *Boltzmann*-Konstante; T – Temperatur; ω_{Haft} – Haftwahrscheinlichkeit der auf die Metalloberfläche auftreffenden Teilchen; τ – Bedekkungszeit; N_{ads} – Zahl der adsorbierten Teilchen; A – zur Adsorption verfügbare Fläche.

Aus den Molekülradien einfacher Gase, wie O_2, N_2 und H_2O, ergibt sich für den Quotienten N_{ads}/A bei monomole-

[1]) Anschrift: DDR-8027 Dresden, Mommsenstr. 13

kularer Bedeckung etwa 10^{15} Partikel pro cm^2. Um zu erreichen, daß bei $T = 298$ K während einer relativ geringen Versuchszeit von $\tau = 10^3$ s nur maximal 10% einer solchen Monolage O_2 vorhanden sind, ist nach Gl. (1) bei $\omega_{Haft} = 1$ ein Restdruck von $p = 3{,}7 \cdot 10^{-8}$ Pa, also Ultrahochvakuum, zu realisieren. Derartig saubere Metalloberflächen wurden bisher nur vereinzelt für Adsorptionsmessungen eingesetzt, wobei die Ermittlung der Adsorbatkonzentration nicht mit Hilfe der Radiotracertechnik, sondern durch elektronenoptische Methoden erfolgte (z. B.: [7, 10]).

2.2. *Die vorbedeckte Metalloberfläche als Adsorbens*

Besonders umfangreiche Adsorptionsmessungen wurden an Metallfilmen aus Au, Pt, Ni oder Fe durchgeführt, die durch Aufdampfen in Vakuumanlagen bei einem Restdruck von etwa 10^{-4} Pa [11—14] erzeugt worden waren. Bei diesem Druck hat sich gemäß Gl. (1) mit $T = 298$ K und $\omega_{Haft} = 1$ bereits nach $\tau \approx 4$ s eine monomolekulare Bedeckung des in der Anlage noch vorhandenen Restgases auf dem Metallfilm ausgebildet. Enthält dieses Restgas Sauerstoff, dann findet bevorzugt dessen Chemisorption statt, wobei sich auf Edelmetallen eine von p und T sowie der Oberflächenstruktur des Substrats abhängige stationäre Schichtdicke einstellt [1, 6, 12, 18—20]. Bei den unedleren Metallen Ni und Fe entsteht daraus schließlich schnell eine Primäroxidschicht [1, 6, 19].

An derartig vorbedeckten Metallfilmen wurde bisher die Adsorption von ^{36}Cl-markiertem Chlor, ^{14}C-markiertem Cyanwasserstoff [12, 13], ^{3}H-markiertem Wasserdampf [14, 15, 21], ^{3}H- bzw. ^{35}S-markiertem Schwefelwasserstoff [16, 17] oder des ^{14}C-markierten Dampfphaseninhibitors Dicyclohexylammoniumnitrit (DICHAN) [14, 21, 22] untersucht. Es wurde gefunden, daß die Adsorption dieser Stoffe an vorbedeckten Edelmetallfilmen von der Geschwindigkeit des Austauschs des primär chemisorbierten Stoffes gegen die in der Gasphase angebotenen markierten Spezies abhängt, also der Mechanismus einer Konkurrenzadsorption vorliegt. Bei den mit einer Oxidschicht überzogenen Eisenmetallen konnte beobachtet werden, daß deren Adsorptionsfähigkeit mit zunehmender Schichtdicke und Alterungszeit zurückgeht und sich durch thermische Behandlung ebenfalls beeinflussen läßt.

Für den experimentellen Nachweis der Primäroxidschicht, insbesondere auf Eisenwerkstoffen, wurden bereits zahlreiche Methoden entwickelt und angewandt [1, 6]. Sie könnten in vorteilhafter Weise durch die Bestimmung des auf Metalloberflächen gebundenen Sauerstoffs mit Hilfe der Reaktion $^{18}O(p, \alpha)^{15}N$ ergänzt werden. Diese Reaktion hat schon bei Protonenenergien unter 1 MeV einen hohen Wirkungsquerschnitt, verläuft im Bereich niederer Protonenenergien ohne störende Nebenreaktionen, besitzt eine Anregungsfunktion mit scharfen Resonanzen und sollte daher schon zum Nachweis von Bruchteilen einer Monolage Sauerstoff geeignet sein [23—25]. Sie wurde bisher schon erfolgreich zur Charakterisierung des Zunderprozesses von Ni eingesetzt [24].

3. Adsorption an der Phasengrenze fest/flüssig

Bei Kontakt eines üblichen Gebrauchsmetalls mit einem flüssigen Medium kommt es zunächst zu Wechselwirkungen zwischen den Bestandteilen dieses Mediums und der auf dem Metall gewöhnlich vorhandenen Primäroxidschicht [1, 6, 19, 26].

Relativ übersichtlich gestalten sich die Verhältnisse in sauren wäßrigen Lösungen mit pH $\leqq 2$, wo sich die Primäroxidschicht auflöst und es zur Ausbildung einer Phasengrenze Metall/Elektrolyt kommt. Die an dieser Phasengrenze ablaufenden Adsorptionserscheinungen unterscheiden sich prinzipiell von denen an der Phasengrenze Oxidschicht/Lösung und sollen hier auch getrennt behandelt werden.

3.1. *Oxidfreies Metall/Säure*

Bei Immersion eines Metalls in eine saure Elektrolytlösung bildet sich an der Phasengrenze bekanntlich eine elektrochemische Doppelschicht aus. Deren Struktur kann durch adsorbierbare Bestandteile in der Lösung stark verändert werden, so daß die Kinetik der jeweiligen elektrochemischen Bruttoreaktion beeinflußt wird. Für die Untersuchung derartiger Phänomene hat sich die Radiotracertechnik besonders bewährt, wobei hauptsächlich die Methoden A und B (vgl. [5]) zur Anwendung kamen.

So gelingt es beispielsweise, durch Immersion eines Metalls in die radioaktiv markierte Lösung seiner Ionen die Austauschstromdichte der betreffenden Metallionenelektrode zu ermitteln, sofern es sich um einen reversiblen Elektrodenprozeß handelt. Das wurde an den Elektroden $Ag/Ag^+(^{110m}Ag)$ und $Cd/Cd^{2+}(^{115m}Cd)$ durch kontinuierliche Erfassung der Abnahme der Radioaktivität des Elektrolyten bis zur Einstellung des Gleichgewichts demonstriert [27]. Enthält die Lösung einen am Metall adsorbierbaren Stoff, dann wird der Austausch zwischen den Metallionen der Lösung und des Elektrodenmetalls gehemmt. An den genannten Elektroden trat in Gegenwart von 2-Butin-1,4-diol eine stärkere Inhibierung des Austauschprozesses als durch *cis*-2-Buten-1,4-diol oder Butan-1,4-diol ein [27], was die allgemeine These stützt, daß an oxidfreien Metallen ungesättigte Kohlenwasserstoffverbindungen besonders gut adsorbiert werden.

Bei Systemen mit unedlen Metallen stellt sich zwischen Lösung und fester Phase infolge gleichzeitig stattfindender Korrosion kein thermodynamisches Gleichgewicht ein. Beim System $Fe/Fe^{2+}(^{59}Fe)$ wurde daher auch nicht die Austauschstromdichte erhalten. Statt dessen war die Menge des auf der Elektrodenoberfläche akkumulierten ^{59}Fe eine Funktion der sich abscheidenden festen Korrosionsprodukte [28, 29].

Die Korrosionsreaktion der Metalle in Säuren setzt sich bekanntlich aus dem anodischen Teilschritt des Durchtritts von Metallionen aus dem Metallgitter in die Lösung

$$Me \rightarrow Me^{z+} + z\,e^- \tag{2}$$

und dem katodischen Teilschritt der Protonenentladung

$$z\,H^+ + z\,e^- \rightarrow z/2\,H_2 \tag{3}$$

zusammen [1]. Für die Aufklärung ihrer kinetischen Hemmung durch adsorbierbare Stoffe lieferte die Radiotracertechnik bereits viele wertvolle Informationen. Ist beispielsweise die Oberflächenkonzentration eines markierten Zusatzstoffes im Adsorptionsgleichgewicht kleiner als sie einer monomolekularen Bedeckung entsprechen würde, dann deutet das darauf hin, daß die Inhibition der Korrosion durch Adsorption dieses Stoffes an den anodischen oder katodischen Teilzentren der Metalloberfläche bedingt wird. Liegt dagegen die radiochemisch ermittelte Oberflächenkonzentration gerade in der Größenordnung einer adsorbierten Monolage ,dann spricht das für eine gleichmäßige Hemmung beider Teilreaktionen (2) und (3). Ergibt sich schließlich eine Oberflächenkonzentration, die wesentlich über der einer monomolekularen Bedeckung liegt, dann ist das ein Hinweis auf die Existenz einer Deckschicht als neuer Phase zwischen Metalloberfläche und Elektrolytlösung. Die dazu vorliegenden zahlreichen Meßergebnisse [3, 4, 21—23, 30—38] waren für die Entwicklung einer Reihe von Sparbeizsystemen, die heute in der Praxis angewandt werden, sehr wesentlich [1, 2, 37].

Als allgemeiner Befund ergab sich, daß an oxidfreien Übergangsmetallen Stoffe mit freien Elektronenpaaren bevorzugt chemisorbiert werden [1, 32, 36, 37]. So konnte mit ^{35}S-markiertem Dibenzylsulfid (DBS), Dibenzylsulfoxid (DBSO) und Dibenzylsulfon ($DBSO_2$) nachgewiesen werden, daß die Adsorbierbarkeit und damit gleichermaßen die Inhibitorwirkung nachläßt, wenn im Reaktionszentrum keine Elektronenoktettbildung mehr erfolgt [32, 34]. Da sich aber DBSO in Mineralsäuren wesentlich besser löst als das DBS, wird es zwar Beizbädern zugesetzt, doch ist hier die als Korrosionsinhibitor eigentlich wirksame Komponente das DBS, das aus dem DBSO unter Einwirkung des nach Reaktion (3) entstehenden Wasserstoffs gebildet wird [1, 21, 32, 34].

In der jeweiligen Säure muß die Inhibitorkonzentration mindestens so groß sein, daß das entsprechende Wirkprinzip möglichst optimal zur Geltung kommt (z.B.: im Adsorptionsgleichgewicht Besetzung aller katodischen Teilgebiete der Metalloberfläche). Durch Einsatz von Säurelösungen mit einem radioaktiv markierten Inhibitor läßt sich sowohl die in der Säure unbedingt zu gewährleistende Inhibitorkonzentration als auch die in Abhängigkeit von der Größe der gebeizten Metalloberfläche auftretende Abreicherung des Inhibitors aus dem Beizbad ermitteln. So ist beispielsweise für Benzyl-n-propylsulfid (BPS) nach den in Abb. 1 dargestellten Ergebnissen in 10%iger H_2SO_4 bereits eine Konzentration von $5 \cdot 10^{-5}$ mol · l^{-1} ausreichend, um

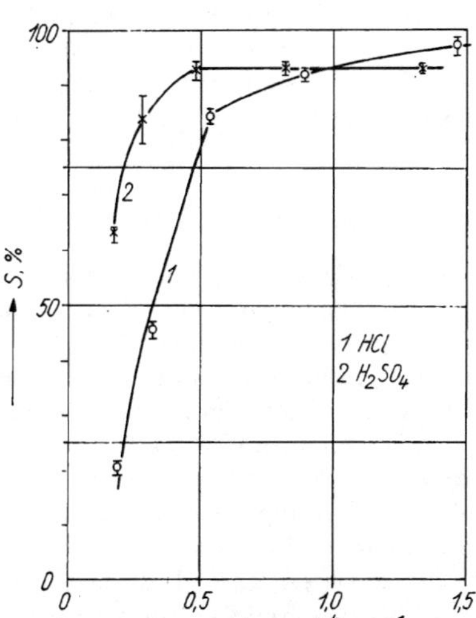

Abb. 1. Abhängigkeit des Schutzwertes S von der Konzentration an Benzyl-n-Propylsulfid (BPS) in 10%igen Säuren gegenüber Baustahl St-38, Immersionszeit $t_I = 5$ h; $T = 298$ K

gegenüber Baustahl St-38 einen optimalen Schutzwert S zu gewährleisten, während der gleiche Effekt in 10%iger HCl erst bei $c_{BPS} = 10^{-4}$ mol · l^{-1} auftritt [33, 36, 38]. S bringt hierbei die Minderung der Korrosionsrate in inhibitorhaltiger Lösung $v_{K(m)}$ im Vergleich zur inhibitorfreien Grundlösung ansonsten gleicher Zusammensetzung $v_{K(o)}$ in Prozent zum Ausdruck:

$$S = \frac{v_{K(o)} - v_{K(m)}}{v_{K(o)}} \cdot 100\ (\%) \qquad (4)$$

Erwartungsgemäß ist der Schutzwert S eines Inhibitors auch von der Säurekonzentration abhängig. Infolge Konkurrenzadsorption der Säureanionen am Metall reicht oberhalb einer systemabhängigen Säurekonzentration die noch auf der Metalloberfläche adsorbierte Menge des Inhibitors nicht mehr aus, um das Metall zuverlässig vor Korrosion zu schützen. In diesem Sinne sind beispielsweise die in Abb. 2 dargestellten Ergebnisse zu interpretieren [33, 38].

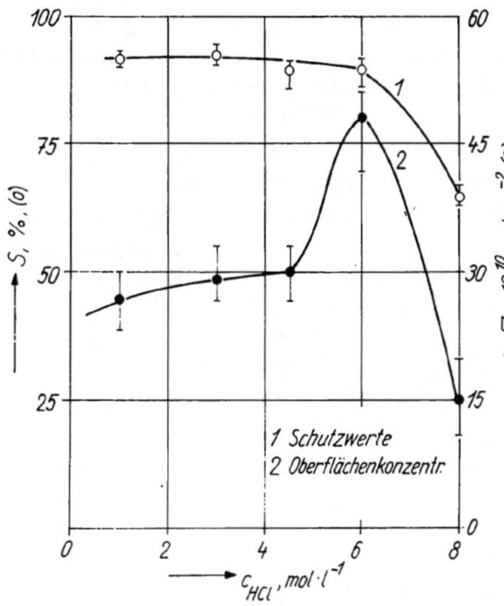

Abb. 2. Abhängigkeit des Schutzwertes S und der Oberflächenkonzentration Γ_τ von BPS auf Baustahl St-38 in Abhängigkeit von der Säurekonzentration

c_{BPS}: 10^{-4} mol · l^{-1}, $t_I = 5$ h, $T = 298$ K

Über die Wechselwirkungen anorganischer Säureanionen mit Metalloberflächen liegen umfangreiche radiochemische Untersuchungsergebnisse vor. Danach wird durch die spezifische Adsorption der Anionen J^-, Br^-, Cl^- und SO_4^{2-} aus stark sauren Lösungen am Metall die Struktur und der Aufbau der elektrochemischen Doppelschicht verändert [1, 3, 4, 11, 13, 22, 39—42]. Die Adsorption derartiger Anionen an Metalloberflächen soll nach der *Langmuir*-Isotherme erfolgen [1, 41, 42] und bei unedlen Metallen wie Eisen eine Mitwirkung im Auflösungsmechanismus bedingen [1, 43]:

$$Fe + Cl^- \rightleftharpoons Fe(Cl)_{ads} + e^- \qquad (5)$$

$$Fe(Cl)_{ads} + H^+ \rightleftharpoons Fe(Cl\,H^+)_{ads} \qquad (6)$$

$$Fe(Cl\,H^+)_{ads} \rightleftharpoons FeCl^+ \cdot aq + H^+ + e^- \qquad (7)$$

Je nach der sonstigen Zusammensetzung der Elektrolytlösung kann die anodische Eisenauflösung durch spezifisch adsorbierbare Anionen gehemmt oder beschleunigt werden [1, 43].

Als Zeitfunktion der Adsorption der anorganischen Anionen sowie der meisten organischen Korrosionsinhibitoren an Metallen aus sauren Lösungen konnte gewöhnlich die *Elovich*-Gleichung bestätigt werden [12, 13, 36, 44, 45]. Diese Gleichung

$$\frac{dm_B}{dt} = b \cdot e^{-a \cdot m_B} \qquad (8a)$$

bzw. die mit der Oberflächenkonzentration $m_B = 0$ bei $t = 0$ gültige Form

$$m_B = \frac{2{,}303}{a} \cdot \log (1 + b \cdot a \cdot t) \tag{8b}$$

bringt zum Ausdruck, daß sich die Adsorptionsgeschwindigkeit dm_B/dt exponentiell mit der bereits adsorbierten Menge verringert. Während b die Anfangsgeschwindigkeit des Adsorptionsprozesses darstellt, ist a ein Charakteristikum für die Natur der „Adsorptionsplätze" [46] und kann aus dem Anstieg der Darstellung $m_B = m_B (\log t)$ ermittelt werden. Ergeben sich bei dieser Darstellung Knickpunkte, dann werden diese dem Wechsel der Art der Adsorptionsplätze zugeschrieben [35, 44–46]. Derartige Kurvenverläufe sind für solche Zusatzstoffe typisch, bei denen sich der eigentliche Korrosionsinhibitor erst durch eine chemische Reaktion an der Phasengrenze Metall/Elektrolyt als Chemisorptionsfilm bildet, an dem dann wiederum eine Adsorption des ursprünglichen Zusatzstoffes erfolgt.

Für die Einschätzung der Neigung von Metallen zur Korrosion in sauren Lösungen ist auch der Befund bedeutsam, daß die Adsorption geladener Spezies an Metalloberflächen vom Elektrodenpotential abhängt [1, 3, 4, 13, 41, 42, 44, 47–49]. So wurde beispielsweise bei der anodischen Polarisation von Ni in $H_2{}^{35}SO_4^{2-}$ zunächst eine mit dem Potential zunehmende SO_4^{2-}-Adsorption beobachtet, bevor mit Ausbildung der oxidischen Passivschicht wieder Desorption erfolgt. Der Schwefelsäure zugesetzte Cl^-- oder J^--Ionen werden statt des SO^{2-} spezifisch adsorbiert und können dadurch den Passivierungsvorgang erheblich beeinflussen [49].

Um Rückschlüsse auf die Bindungsenergie der auf der Metalloberfläche adsorbierten Spezies ziehen zu können, wurde häufig auch deren Desorption nach Wechsel des wäßrigen Mediums erfaßt, indem die Zunahme der Radioaktivität der neu vorgelegten flüssigen Phase verfolgt wurde. Dabei wurde z.B. gefunden, daß die Desorption spezifisch adsorbierter Anionen von der Metalloberfläche durch dest. Wasser nur hinreichend schnell und vollständig bei höheren Temperaturen gelingt, da dieser Vorgang ansonsten durch den Korrosionsprozeß überlagert wird. So ist beispielsweise die Desorption des Chlorids von in $H^{36}Cl$ gebeizten Stahlproben in dest. Wasser erst bei 70 °C nach 2 min vollständig [50].

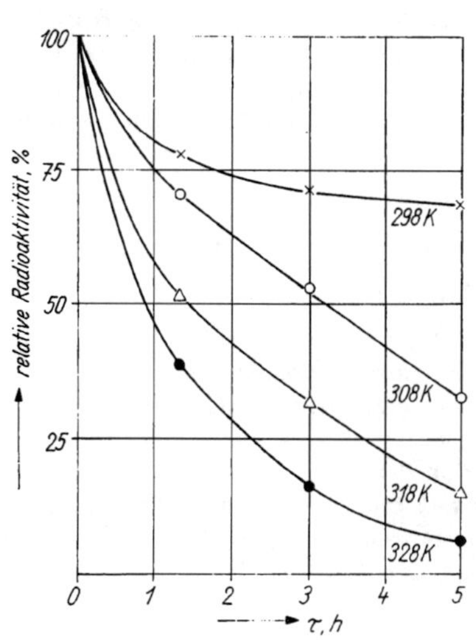

Abb. 3. Abreicherungsrate von auf St-38 adsorbiertem BPS bei Immersion in inhibitorfreie 10%ige H_2SO_4 in Abhängigkeit von der Temperatur

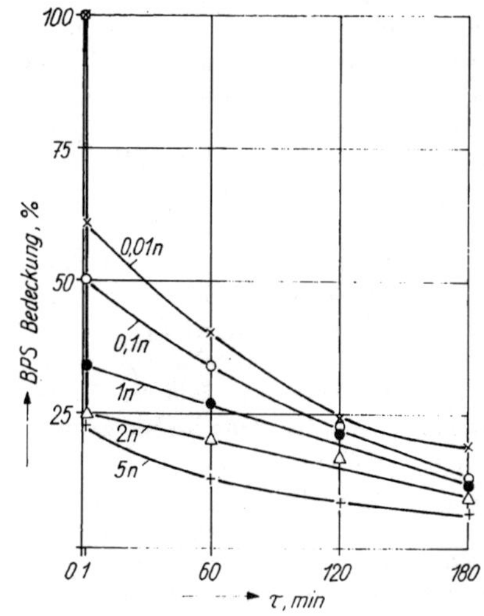

Abb. 4. Abreicherungsrate von auf St-38 adsorbiertem BPS bei Immersion in H_2SO_4-Lösungen verschiedener Konzentration bei 298 K

Erwartungsgemäß nimmt auch die Desorption organischer Moleküle von Eisenmetallen in Säuren mit der Temperatur und der Säurekonzentration zu [3, 4, 21, 32–34, 36]. Das in den Abb. 3 und 4 dargestellte Verhalten des Inhibitors BPS soll hierbei als verallgemeinerungsfähiges Beispiel gelten [33, 38].

Erwähnenswert erscheint noch, daß bei der Aufklärung des Wirkprinzips einzelner Inhibitoren sich deren Doppelmarkierung als besonders zweckmäßig erwies. So konnte z.B. mit Hilfe von ^{35}S- und ^{14}C-markiertem Thioharnstoff nachgewiesen werden, daß seine Inhibition der Kupferauflösung in Schwefelsäure nicht durch dessen Adsorption an der Metalloberfläche, sondern durch Ausbildung einer sulfidischen Deckschicht verursacht wird. Der Thioharnstoff wird demnach zunächst hydrolytisch gespalten, wobei auch H_2S als Deckschichtbildner entsteht. Im Gleichgewicht mit der Thioharnstoff-haltigen Lösung ist die ^{35}S-Radioaktivität der Kupferoberfläche folglich um ein Vielfaches größer als die des ^{14}C [51].

3.2. *Oxidbedecktes Metall/wäßrige Lösung*

Es ist bereits bekannt, daß sich an Oxidoberflächen durch chemisorptive Wechselwirkungen von Wassermolekülen Oberflächen-Hydroxylgruppen ausbilden [6, 10, 26, 52, 53]. Daher kann erwartet werden, daß es auch bei Immersion von an der Luft vorgelagerten oder durch Hochtemperaturkorrosion oxidierten Metallen in eine wäßrige Lösung mit $pH > 3$ primär zu diesem Effekt kommt und an der Phasengrenze Oxidschicht/Lösung allgemein formuliert –MeOH-Gruppen entstehen [6, 26, 53]. Bei solchen Gebrauchsmetallen, deren Oxide und Hydroxide amphoter sind, beteiligen sich diese –MeOH-Gruppen an dem vom pH-Wert der jeweiligen Lösung abhängigen Gleichgewicht:

$$-MeOH_2^+ + OH^- \rightleftharpoons -MeOH + H_2O \rightleftharpoons -MeO^- + H_3O^+ \tag{9}$$

und verleihen damit der Oxidoberfläche eine positive oder negative Überschußladung. Die Adsorption von Bestandteilen der wäßrigen Lösung am Oxid sollte daher bevorzugt nach einer der folgenden Reaktionen ablaufen:

$$-MeOH_2^+ + X^- \rightleftharpoons -Me\overset{+}{O}H_2 \cdots \overset{-}{X} \tag{10}$$

$$-MeO^- + HYR^+ \rightleftharpoons -Me\overset{-}{O} \cdots \overset{+}{H}YR \tag{11}$$

$$-MeOH + YR \rightleftharpoons -Me\overset{-}{O} \cdots \overset{+}{H}YR \tag{12}$$

Dabei bedeuten: X^- = beliebiges Säureanion; YR = beliebige organische Base mit Y = 0, N; R = organischer Kohlenwasserstoffrest.

Als Parallelreaktionen dazu sind insbesondere bei längeren Immersionszeiten vor allem Ionenaustauschvorgänge, z.B.:

$$-MeOH + X^- \rightleftharpoons -MeX + OH^- \quad (13)$$

und Auflösungs- — Fällungsprozesse, z.B.:

$$-MeOH + H^+ \rightleftharpoons Me^{2+} + H_2O \quad (14)$$

$$Me^{2+} + 2X^- \rightleftharpoons MeX_2 \quad (15)$$

einzukalkulieren. Mit Hilfe der Radiotracertechnik ist zunächst prinzipiell nur die Anreicherung markierter Spezies $*X^-$ bzw. *YR an der Oxidschicht des Metallsubstrats bzw. deren Abreicherung aus der wäßrigen Lösung erfaßbar (vgl. [5]), doch ist zu erwarten, daß Untersuchungen zur Desorption dieser Spezies weitere Informationen über die jeweils dominierende „Anlagerungsreaktion" bringen.

Bei der Interpretation des dazu bisher vorliegenden experimentellen Materials [3, 4, 21—23, 25, 54—58] wurde zumeist entweder jede Art der Anlagerung markierter Spezies an Metalloberflächen aus neutralen wäßrigen Medien als Adsorption bezeichnet oder die Existenz einer Primäroxidschicht auf den zur Immersion verwendeten Metallproben unberücksichtigt gelassen.

Auf der Basis der gegebenen Modellvorstellung ist es verständlich, daß die $^{35}SO_4^{2-}$-Adsorption an oxidbedecktem Nickel vom Kristallgefüge und der Art der Oberflächenvorbehandlung des Metallsubstrats abhängig ist [23], denn dadurch wird die Reaktivität der Oxidschicht für die Adsorption nach Gl. (10), (11) oder (12) beeinflußt.

Zwar wäre prinzipiell auch der Befund, daß Cu-Einkristalle nach dem chemischen Ätzen und der Zwischenlagerung an Luft bevorzugt Kationen adsorbieren, sinngemäß mit Gl. (11) erklärbar, doch sollten gerade die dazu mit ^{110m}Ag markierten Ag^+-Lösungen erhaltenen Resultate [25, 55] eher auf eine elektrochemische Abscheidung metallischen Silbers in den Poren der Oxidschicht als auf einen Adsorptionsprozeß zurückzuführen sein.

An der auf Al anodisch erzeugten Oxidschicht erfolgt die Adsorption von Anionen offensichtlich nach Gl. (10) und ist eine Funktion des *p*H-Werts. Es konnte die Reihenfolge $H_2{}^{32}PO_4^- > H^{51}CrO_4^- > {}^{35}SO_4^{2-} > {}^{36}Cl^-$ mit einem Adsorptionsmaximum bei $pH \approx 4$ gefunden werden [46]. Durch die Verwendung des doppelt markierten Elektrolyten $^{24}Na^{82}Br$ (0,01 M) wurde gezeigt, daß die am Oxid α-Al_2O_3 gebundene Anionenmenge bei $pH > 6$ konstant bleibt, während sich die Kationen Na^+ mit Erhöhung des *p*H-Werts nach einer linearen Funktion an der Phasengrenze Oxid/Lösung anreichern [58]. Da sich dadurch gleichzeitig die Ladungsdichte der Oxidelektrode erhöhte, wird angenommen, daß die adsorbierten Na^+-Ionen dann zum kompakten Teil der elektrischen Doppelschicht des Oxids gehören [58].

An der durch Langzeitlagerung an Luft gebildeten Oxidschicht auf Cu und Pt ist die aus wäßriger Lösung aufgenommene Bromidmenge bei 298 K größer als auf in gleicher Weise vorbehandelten Proben aus Zr, Ni oder Ti [54, 57]. Als bei diesen Untersuchungen nicht das Nuklid ^{82}Br, sondern ^{80}Br eingesetzt wurde, stellte sich heraus, daß ^{80m}Br an oxidbedecktem Ni und Ti intensiver als ^{80g}Br adsorbiert wird. Daraus resultierte schließlich ein elegantes Verfahren zur Trennung der Kernisomere des ^{80}Br [57].

In den Arbeiten [54—57] finden sich allerdings keine Angaben über den Einfluß der am Oxid angelagerten Anionen auf die Korrosionsschutzeigenschaften der oxidischen Deckschicht. Die Anwendung der Radiotracertechnik konnte aber entscheidend dazu beitragen, die Anionen unter diesem Aspekt in zwei Gruppen einzuteilen [1—4, 6, 23, 25, 44, 47, 59—66]:

- Anionen, die durch ihre Wechselwirkungen an oxidischen Deckschichten in wäßrigen Medien gewöhnlich eine lokale Zerstörung mit selektiver Korrosion (Lochfraß) bedingen;
- Anionen, die in bestimmten Konzentrationsbereichen in sauerstoffhaltigen wäßrigen Medien oberhalb eines systemabhängigen *p*H-Werts die Bildung einer oxidischen Passivschicht bzw. deren Regenerierung begünstigen, oder eine bereits vorhandene Oxidschicht elektrolytseitig in eine schwerlösliche Komplexverbindung umwandeln bzw. ein solches Produkt in den Poren der Schicht ausscheiden und dadurch eine Stabilisierung des Passivzustandes bewirken.

Bei jedem dieser Prozesse kann als Primärschritt die Adsorption der betreffenden Anionensorte an bevorzugten Stellen der oxidischen Deckschicht angenommen werden, worauf sich die Gl. (5) sowie (9) bis (12) sinngemäß übertragen lassen [1—4, 6, 47, 59—61].

So wurde mittels $^{36}Cl^-$ beispielsweise nachgewiesen, daß die spezifische Adsorption von Chlorid am anodisch erzeugten Passivoxid des Chroms vom Elektrodenpotential abhängig ist und stets auf äußerst kleinen Bereichen der Oberfläche stattfindet. Oberhalb eines von der Konzentration dieser Ionenart und dem *p*H-Wert abhängigen Potentials setzt dann die selektive Zerstörung der Oxidschicht und damit die Aufhebung des Passivzustands ein (sog. „kritisches Lochfraßpotential") [1, 59]. Nach dem gleichen Mechanismus können auch die anderen Halogenionen sowie SO_4^{2-} und HS^- Passivschichten auf Eisen, Nikkel, Chrom und deren Legierungen lokal zerstören, wobei aber nach Untersuchungen mit ^{82}Br-, ^{131}J- oder ^{35}S-markierten Elektrolyten im Vergleich zum Chlorid graduelle Unterschiede gefunden wurden [1—4, 47, 60].

Interessant ist in diesem Zusammenhang, daß das als Inhibitor der Eisenkorrosion in sauren Lösungen bewährte BPS (vgl. 3.1.) die Lochfraßkorrosion von Ni und Chrom-Nickel-Stählen in NaCl-Lösungen wirksam inhibiert. Mit Hilfe des ^{35}S-markierten BPS konnte strahlenmeßtechnisch und durch autoradiographische Aufnahmen im *p*H-Bereich $2 \leq pH \leq 7$ seine Anreicherung an der oxidbedeckten Elektrodenoberfläche nachgewiesen werden [67, 68]. Da BPS ansonsten nicht an Oxidoberflächen adsorbiert wird, muß angenommen werden, daß es entweder in Form des durch Protonenaufnahme gebildeten Kations $BPSH^+$ am Oxid adsorbiert wird:

$$-MeO^- + BPSH^+ \rightleftharpoons -Me\overset{-}{O} \cdots BP\overset{+}{S}H \quad (16)$$

oder durch Spaltung der C–S-Bindung und Übertragung des Alkylrestes auf ein intaktes Sulfidmolekül nach

$$2\,R\text{–}S\text{–}R + H^+ \rightarrow R_3S^+ + R\text{–}SH \quad (17)$$

(R = Benzyl- oder Propylrest) ein sorptionsfähiges Trialkylsulfonium entsteht, dessen Adsorption an den Schwachstellen des Passivoxids zur Inhibition der Lochfraßkorrosion führt [67, 68].

Zu den Anionen, die unter bestimmten Bedingungen ein Oxydationsmittel bei der außenstromlosen Passivierung von Metalloberflächen in wäßrigen Lösungen zu unterstützen vermögen, gehören Phosphate und Anionen vieler organischer Säuren, wie das Benzoat, Phthalat, Acetat und Acelat [1–4, 6, 26, 61–66, 69]. Mit ^{32}P- bzw. ^{14}C-markierten Anionen und Anfertigung autoradiographischer Aufnahmen gelang der Nachweis, daß sich das Phosphat auf den exponierten Stahloberflächen relativ gleichmäßig verteilt, was zusammen mit dem intensiven Bindungszustand für die Ausbildung einer schwerlöslichen Phosphatschicht auf dem elektrolytseitigen Teil des Passivoxids spricht [1, 3, 4, 70]. Die ^{14}C-Spezies waren dagegen nur in Korngrenzenbereichen der Oxidschicht nachweisbar, so daß ihre passivitätsstabilisierende Wirkung auf die Zementation fester Komplexverbindungen an den Korngrenzen als den Schwachstellen der oxidischen Deckschicht zurückgeführt wird [3, 4, 61, 62, 69, 71].

Mehrere Untersuchungen waren der Aufklärung des Wirkmechanismus der Inhibition der Eisenkorrosion durch Dicyclohexylammoniumnitrit (DICHAN) gewidmet, wobei die ^{14}C-markierte Verbindung eingesetzt wurde [21, 22, 72, 73]. Dabei wurde festgestellt, daß DICHAN nur als Dampfphaseninhibitor wirkt, wenn auf der Metallprobe bereits mindestens eine Monolage Wasser adsorbiert ist [22, 73], während es an Eisenoberflächen in wäßrigem Milieu um so weniger angereichert wird, je länger die Probe vorher an trockener Luft lagerte [21, 22, 73]. Berücksichtigt man, daß alle geschilderten Experimente stets mit oxidbedeckten Eisenwerkstoffen durchgeführt wurden, dann läßt sich heute folgende Interpretation der Ergebnisse geben:

- DICHAN unterliegt in wäßrigen Medien der Hydrolyse, wobei im Neutralbereich neben NO_2^- das Dicyclohexylamin R_2NH und im schwach sauren Milieu das Dicyclohexylammonium-Ion $R_2NH_2^+$ entsteht.
- Durch Adsorption von Wasser an der oxidischen Passivschicht entstehen gemäß Gl. (9) Oberflächenhydroxylgruppen. An gealterten Oxidschichten geht dieser Vorgang zumindest langsamer vonstatten.
- R_2NH bzw. $R_2NH_2^+$ stabilisieren den Passivzustand durch Adsorption gemäß Gl. (11) bzw. (12).
- Die Nitritkomponente katalysiert die Funktion des gelösten Sauerstoffs als Passivator des Eisens. Dadurch werden Schwachstellen der Oxidschicht „ausgeheilt".

3.3. *Adsorptionsvorgänge bei der atmosphärischen Korrosion*

Im Unterschied zu früheren Auffassungen [2] ist als Initialschritt der atmosphärischen Korrosion heute ebenfalls die Adsorption von Wasser an der Primäroxidschicht des Metalls mit Ausbildung von Oberflächenhydroxylgruppen –MeOH anzusehen [1, 6, 26, 64]. Wie kürzlich gezeigt werden konnte, ist z. B. auf oxidbedeckten Stahloberflächen bei 298 K erst bei einer relativen Luftfeuchtigkeit RH $\geqq$ 60% eine Monolage Wasser adsorbiert [74]. Das ist gleichzeitig auch der kritische RH-Wert, von dem ab es in SO_2-haltiger Atmosphäre zur Korrosion von Stählen kommt [1, 2, 75]. Mit Hilfe von $^{35}SO_2$ gelang autoradiographisch der Nachweis, daß dessen Adsorption an der oxidischen Deckschicht von Eisenmetallen nur an bevorzugten Stellen erfolgt und sich dort infolge Aufoxydation durch Luftsauerstoff $FeSO_4$-Nester ausbilden [76–79]. Wird die Metallprobe regelmäßig befeuchtet, dann verteilen sich die Sulfatnester gleichmäßig über die Oberfläche [76]. Dazu durchgeführte Modellversuche ergaben, daß das SO_2 vor allem an FeOOH-Bezirken der oxidischen Deckschicht adsorbiert und katalytisch aufoxydiert wird, wobei die β-Modifikation wesentlich größere Mengen SO_2 aufnehmen kann als α- und γ-FeOOH [77–79]. Da sich β-FeOOH auf Eisenmetallen in Gegenwart von Cl^--Ionen bildet [2], wird erklärlich, daß die atmosphärische Korrosion unlegierter Stähle in Gegenwart von Cl^- und SO_2 Extremwerte erreicht [1, 2].

Im Gegensatz zu den Eisenmetallen erfolgt die Adsorption des SO_2 auf Zink gleichmäßig, was die Autoren [78] mit der Existenz der in diesem Fall nur aus einem Oxid bestehenden homogenen Deckschicht plausibel erklären. Bei derartig homogenen, also nur aus einer Komponente bestehenden Oxidschichten gelang es bereits, Inhibitoren der SO_2-Adsorption und damit der atmosphärischen Korrosion zu finden. Werden beispielsweise Kupfer oder dessen Legierungen kurze Zeit in eine alkoholische Lösung aus Benzotriazol getaucht und anschließend SO_2-haltiger Atmosphäre ausgesetzt, dann erfolgt auch bei RH = 100% und hohen SO_2-Konzentrationen (120 ppm) praktisch keine Adsorption des $^{35}SO_2$ [80].

3.4. *Oxidbedecktes Metall/organisches Medium*

Im Rahmen der Korrosionsforschung interessiert die Adsorption von Stoffen aus organischen Medien an oxidbedeckten Metalloberflächen vor allem wegen der Aufklärung und Inhibierung der Korrosion von Metallen in Ölen und Fetten. Unter Einsatz markierter Verbindungen konnte gefunden werden, daß unter diesen Bedingungen Stoffe mit einem relativ großen hydrophoben und einem kleinen hydrophilen Anteil im Molekül, die außerdem polare Zentren, wie Stickstoff-, Schwefel-, Phosphor- oder Sauerstoffatome bzw. Mehrfachbindungen enthalten, gute Korrosionsinhibitoren für Anlagen der Erdölverarbeitung darstellen [81].

Bei allen Maßnahmen des passiven Korrosionsschutzes ist es schließlich erforderlich, daß die Metalloberfläche vor dem Aufbringen einer metallischen oder nichtmetallischen Beschichtung vollständig von Öl- und Fettresten gereinigt wird, da sonst keine ausreichende Haftfestigkeit gewährleistet ist [1, 2]. Radioaktiv markierte Fette und Öle gestatten es, die verschiedenen Entfettungstechnologien zu optimieren, indem die noch auf der Probenoberfläche adsorbierte Menge als Zeitfunktion registriert wird [82–87]. Als Beispiel dafür ist in Abb. 5 der Temperatureinfluß der Desorption von ^{14}C-Stearinsäureethylester in einer Mischung aus ethyoxyliertem Myristylalkohol und Natriumtetrapropylenbenzensulfonat (1:12) in Abhängigkeit von der Badtemperatur dargestellt [85]. Abb. 6 zeigt die Wirksamkeit verschiedener elektrolytischer Entfettungsverfahren (6 A · dm^{-2}; 333 K) in Hinsicht auf die Beseitigung von

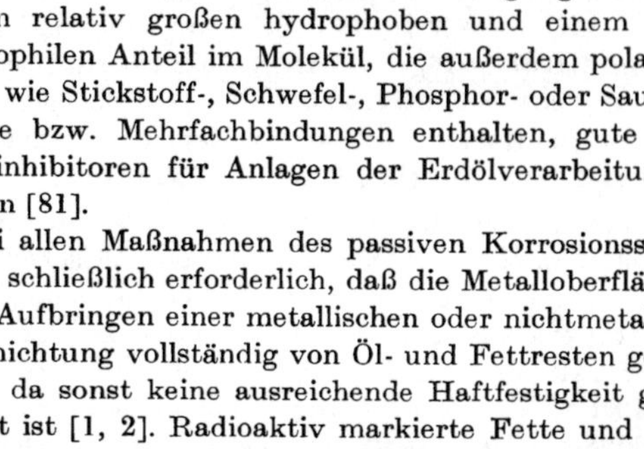

Abb. 5. Desorption des ^{14}C-Stearinsäureethylesters von Stahloberflächen in eine Mischung aus ethoxyliertem Myristylalkohol und Na-Tetrapropylenbenzensulfonat (1:12) in Abhängigkeit von der Temperatur

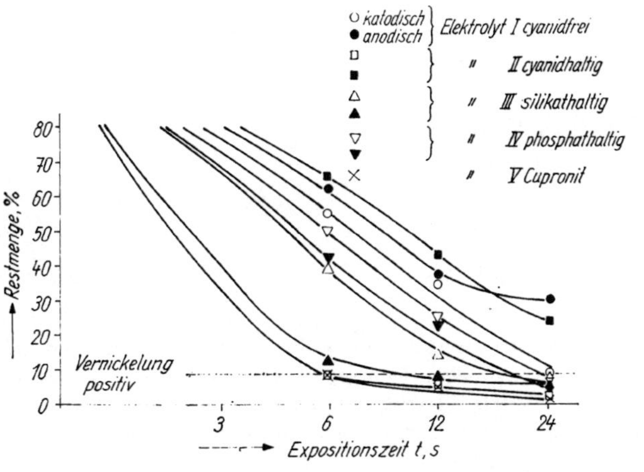

Abb. 6. Desorption des ^{14}C-Glycerintripalmitats von Stahloberflächen durch verschiedene elektrolytische Entfettungsverfahren

^{14}C-markiertem Glycerintripalmitat von St-38 einschließlich der geforderten Reinigungsschwelle für die galvanische Vernickelung [84].

Es ist vorgesehen, in einem folgenden Beitrag die unter Verwendung von ^{3}H-markiertem Wasser erhaltenen experimentellen Ergebnisse über die Wechselwirkungen von Wasser an Metalloberflächen auszuwerten.

Eingegangen am 22. 7. 1981

Literatur

[1] *H. Kaesche*, Die Korrosion der Metalle. Berlin, Heidelberg, New York: Springer-Verl. 1979
[2] *K. Barton*, Schutz gegen atmosphärische Korrosion, Theorie und Technik. Weinheim: Verlag Chemie 1973
[3] *J. G. N. Thomas*, Werkst. u. Korr. **19** (1968) 957
[4] *F. Wormwell, J. G. N. Thomas*, Use of Radioisotopes in Studies of Passivation and Corrosion in: Surface Phenomena of Metals, Soc. of Chem. Ind. Monographies No. 28, London 1968, p. 365–382
[5] *G. Reinhard*, Isotopenpraxis **18** (1982) 41
[6] *G. Reinhard*, Dissertation B, TU Dresden 1977
[7] *W. Arabczyk, H. J. Müssig*, Exp. Techn. d. Physik **23** (1975) 475; Thin Solid Films **34** (1976) 103
[8] *R. Kaltofen, K. Thiemt, G. Reinhard*, Exp. Techn. d. Physik **24** (1976) 481
[9] *F. Storbeck*, TU Dresden, Sektion Physik, pers. Mitteilung
[10] *R. Burshtein*, J. Res. Inst. Catalysis, Hokkaido Univ. **28** (1980) 41
[11] *K. Schwabe*, Chem. Techn. **10** (1958) 469
[12] *Ch. Weißmantel*, Habilitationsschrift, TU Dresden 1962
[13] *K. Schwabe, Ch. Weissmantel*, Electrochim. Acta **9** (1964) 991
[14] *W. Hermel*, Dissertation, TU Dresden 1967
[15] *W. Hermel, K. Schwabe*, Abh. Deutsche Akad. Wiss. Nr. 87 (1967)
[16] *R. Schnoor*, Dissertation, TU Dresden 1971
[17] *R. Schnoor, K. Schwabe*, Z. phys. Chem. (Leipzig) **255** (1974) 261
[18] *Ch. Weißmantel, K. Schwabe, G. Hecht*, Werkst. u. Korr. **12** (1961) 353
[19] *K. Hauffe*, Reaktionen in und an festen Stoffen. Berlin, Göttingen, Heidelberg: Springer-Verl. 1966
[20] *J. P. Muscat, D. M. Newns*, Chemiesorption on metals, Progress in Surface Science **9** (1978) 1
[21] *K. Schwabe, W. Leonhardt*, Chem.-Ing.-Techn. **38** (1966) 55
[22] *K. Schwabe*, Z. phys. Chem. (Leipzig) **226** (1964) 1
[23] *G. Amsel, D. Samuel*, Anal. Chem. **39** (1967) 1689
[24] *C. Herold, P. Schubert, W.-D. Schulz*, Isotopenpraxis **8** (1972) 321
[25] *K. Akerman'* Eurisotop-Report Nr. 95 (1974)
[26] *G. Reinhard*, Wiss. Z. TU Dresden **28** (1979) 361
[27] *D. S. Newman, J. McCarthy, M. Heckaman*, J. electrochem. Soc. **118** (1971) 541
[28] *J. Konya*, J. Electroanal. Chem. **84** (1977) 83
[29] *J. Konya, A. Baba*, J. Electroanal. Chem. **109** (1980) 125
[30] *J. Heidemeyer*, Dissertation, TU Berlin 1965
[31] *P. Lacombe*, Comptes Rendus du 2 ème Symp. Europ. sur les Inhibiteurs de Corrosion, Ann. Univ. Ferrara, Sez. V, Suppl. n. 4 (1966) 517
[32] *G. Trabanelli, G. L. Zucchini, F. Zucchi, V. Carassiti*, Brit. Corros. J. **4** (1969) 267
[33] *K. Schwabe, G. Reinhard, M. Fischer, K. Schaarschmidt*, Werkst u. Korr. **22** (1971) 302
[34] *G. L. Zucchini, F. Zucchi, G. Trabanelli*, Proc. 3rd Europ. Symp. on Corrosion Inhibitors, Ann. Univ. Ferrara, Sez. V, Suppl. n. 5 (1971) 577
[35] *G. Reinhard, M. Fischer, H. Schmidt*, Isotopenpraxis **8** (1972) 102
[36] *K. Schwabe, G. Reinhard, M. Fischer*, Z. phys. Chem. (Leipzig) **251** (1972) 1
[37] *H. Fischer*, Werkst. u. Korr. **23** (1972) 453
[38] *G. Reinhard, E. Winkler, H. Schmidt*, Nat. Symp. Traceranwend. in der Industrie, Gera 1976, ZfI-Mitt. Nr. 9 (1977) 201
[39] *N. Hackerman, S. K. Stephens*, J. phys. Chem. **58** (1954) 904
[40] *K. Schwabe, Ch. Weißmantel*, Z. phys. Chem. (Leipzig) **215** (1960) 48
[41] *N. A. Balashova, V. E. Kazarinov*, Use of the radioactive-tracer method for the investigation of the electric double-layer structure, in: Electroanal. Chem. (Ed. by *A. I. Bard*), Vol. 3, Marcel Dekker Inc. New York 1969, p. 135
[42] *A. N. Frumkin, N. A. Balashowa, W. E. Kazarinov*, J. electrochem. Soc. **113** (1966) 1011
[43] *N. A. Darwish, F. Hilvert, W. J. Lorenz, H. Rosswag*, Electrochim. Acta **18** (1973) 421
[44] *K. Schwabe, W. Schwenke*, Electrochim. Acta **9** (1964) 1003
[45] *H. Schmidt*, Diplomarbeit, TU Dresden, Sektion Chemie 1970
[46] *H. A. Taylor, N. Thon*, J. Amer. Chem. Soc. **74** (1952) 4169
[47] *K. E. Heusler, G. H. Cartledge*, J. electrochem. Soc. **108** (1961) 732
[48] *W. E. Kazarinov*, Elektrochimija 2 (1966) 1170
[49] *J. Krupski, H. G. Feller*, Z. Metallkunde **65** (1974) 401
[50] *G. Reinhard, F. Schneider*, Isotopenpraxis **16** (1980) 208
[51] *V. S. Kolevatova, V. I. Korobkov*, Ž. prikl. chim. (Leningrad) **49** (1976) 86
[52] *J. J. Bikerman*, Surface Chemistry, Theory and Applications. New York: Academic Press 1958, Ch. III
[53] *J. H. Anderson, K. A. Wickerscheim*, Solid Surfaces, Proc. Intern. Congr. Phys. Chem. Solid. Surfaces, North-Holland, Amsterdam 1964, 252ff.
[54] *R. Dreyer, I. Dreyer*, Z. phys. chem. (Leipzig) **228** (1965) 177
[55] *K. Akerman, M. Brafman, O. Kruszewska*, J. d. Physique **28** (1967) 229
[56] *W. T. Belov*, Zascita Metallov (Moskva) **4** (1968) 475
[57] *R. Dreyer, J. Redlich*, Wiss. Z. d. Univ. Rostock **18** (1969) 945
[58] *W. Smit, H. N. Stein*, J. Electroanal. Chem. **91** (1978) 393
[59] *I. L. Rosenfeld, V. P. Maksimchuk*, Dokl. Akad. Nauk (SSSR) **131** (1960) 354
[60] *K. Schwabe*, Electrochim. Acta **6** (1962) 223
[61] *J. E. O. Mayne, C. L. Page*, Brit. Corros. J. **9** (1974) 223
[62] *C. L. Page, J. E. O. Mayne*, Brit. Corros. J. **10** (1975) 99
[63] *G. Reinhard* Korrosion (Dresden) **9** (1978) 230
[64] *G. Reinhard*, Chem. Techn. **30** (1978) 514
[65] *W. Forker, G. Reinhard, D. Rahner*, Corros. Sci. **19** (1979) 745
[66] *G. Reinhard*, Korrosion (Dresden) **12** (1981) 62
[67] *B. Glaser*, Dissertation, TH Magdeburg 1973
[68] *I. Garz, B. Glaser*, Corros. Sci. **14** (1974) 353
[69] *D. M. Brasher, A. D. Mercer*, Brit. Corros. J. **3** (1968) 120
[70] *J. G. N. Thomas*, Brit. Corros. J. **1** (1966) 156
[71] *J. E. O. Mayne*, Proc. 4rd. Europ. Symp. on Corrosion Inhibitors. Ann. Univ. Ferrara, Sez. V, Suppl. n. 6 (1975) 1
[72] *K. Schwabe, G. Müller*, Z. phys Chem. (Leipzig) **215** (1960) 143
[73] *K. Schwabe*, Korrosionsschutzprobleme. Leipzig: VEB Deutscher Verl. f. Grundstoffind. 1969
[74] *G. Reinhard, Ch. Irmscher*, Werkst. u. Korr. **31** (1980) 912
[75] *U. R. Evans, C. A. J. Taylor*, Corros. Sci. **12** (1972) 227
[76] *D. Knotkova-Cermakova, J. Vlčkova, D. Kuchyňka*, Werkst. u. Korr. **24** (1973) 684
[77] *J. R. Duncan, D. J. Spedding, E. E. Wheeler*, Corros. Sci. **13** (1973) 69
[78] *J. R. Duncan, D. J. Spedding*, Corros. Sci. **13** (1973) 881
[79] *J. R. Duncan*, Werkst. u. Korr. **25** (1974) 420
[80] *R. Ferrari, M. Marabelli, M. Serra, G. Starace*, Brit. Corros. J. **12** (1977) 118
[81] *R. Russow, F.-J. Becker*, Isotopenpraxis **2** (1966) 258
[82] *J. C. Harris, R. E. Kamp, W. H. Yanko*, ASTM-Bull. (USA) **33** (1949) 49
[83] *J. W. Hensley*, Iron Age **170** (1952) 151
[84] *H. J. Philipp, H. Siebert*, Chem. Techn. **16** (1964) 110; **17** (1965) 160
[85] *K. Schwabe, H. Siebert, H. Uhlich*, Isotopenpraxis **3** (1967) 53
[86] *H.-G. Germscheid*, Galvanotechnik (Saulgau) **67** (1976) 216
[87] *B. A. Reka, S. W. Musyljew, G. N. Wedenow*, Lakokrasoc. materialy i ich primenenie 1979, No. 3, 39

NOI-6 — ein neuer emissionsspektrometrischer Analysator

G. Meier, K. Mauersberger

(AdW der DDR, Zentralinstitut für Isotopen- und Strahlenfoschung)[1]

Prinzipien und Arbeitsweise des neuentwickelten emissionsspektrometrischen ^{15}N-Analysators werden erläutert. Es handelt sich um ein mit integrierten Schaltkreisen und digitaler Ergebnisanzeige ausgerüstetes Gerät zur ^{15}N-Bestimmung an Standard-Gasentladungsrohren, Halbmikro-Entladungsrohren, Ammoniumsalzlösungen und extern eingespeisten N_2-Gasproben. Die Umarbeitung von Ammoniumsalzlösungen erfolgt mit einem im Gerät integrierten probenchemischen Umarbeitungssystem.

Keywords

automation; emission spectroscopy; isotope ratio; nitrogen 15; sample preparation; spectrophotometers

Einleitung

Nach wie vor wird die Tracertechnik mit dem stabilen Stickstoffisotop ^{15}N insbesondere für Forschungsarbeiten auf den Gebieten der Landwirtschaft, der Biologie und der Veterinär- sowie auch der Humanmedizin erfolgreich angewandt. In logischer Konsequenz der langjährigen Tradition der Entwicklung von emissionsspektrometrischen ^{15}N-Analysengeräten im Zentralinstitut für Isotopen- und Strahlenforschung in Leipzig entstand ein neuer ^{15}N-Analysator mit der Bezeichnung NOI-6 mit qualitativ und quantitativ neuen Eigenschaften.[2])

Grundlagen

Das physikalische Grundprinzip emissionsspektrometrischer ^{15}N-Analysatoren ist unabhängig von der Geräteausführung oder vom Typ des Analysators grundsätzlich das gleiche. Stickstoff wird in elektrodenlosen Gasentladungsrohren mittels Hochfrequenz zur Lichtemission angeregt, und dieses Licht wird in Spektrographen oder Monochromatoren in seine Spektralanteile zerlegt. Aus den Intensitätsverhältnissen von Bandenkanten des $^{14}N_2$-, $^{14}N^{15}N$- und $^{15}N_2$-Moleküls kann die relative ^{15}N-Häufigkeit in Atom-% berechnet werden. Die benutzten Bandenkanten gehören zu den nach dem UV abschattierten 2ten positiven System des Stickstoffs und entsprechen dem Übergang $C^3\pi$–$B^3\pi$ [1]. Am häufigsten wird wegen des großen Isotopieeffektes die 2-0 Bande ausgewertet (s. Tab. 1).

Die Bandenkanten werden entweder mit einem Schreiber registriert und mittels Lineal vermessen, oder die Peakhöhenmessung geschieht ebenso wie die nachfolgende Berechnung des ^{15}N-Wertes in Atom-% elektronisch. Da im Plasma der Gasentladung in jedem Falle eine statistische Verteilung der Stickstoffmoleküle gesichert ist, verhalten sich die Moleküle wie

$$(a + b)^2 = a^2 + 2ab + b^2; \qquad a = {}^{14}N, \quad b = {}^{15}N$$

Tab. 1. Wellenlängen der N_2-Bandenkanten des 2ten positiven Systems

Bande $0'$-$0''$	$^{14}N^{14}N$ λ/Å	$^{14}N^{15}N$ λ/Å	$^{15}N^{15}N$ λ/Å
2-0	2976,8	2982,9	2988,62
1-0	3159,3	3162,9	3166,16
0-0	3371,3	3371,41	3371,5
0-1	3576,9	3573,26	3569,15
0-2	3804,9	3796,55	3788,7
1-3	3755,4	3748,13	3741,3

so daß gilt:

$$^{15}N(\text{Atom-\%}) = \frac{100}{2R + 1}, \text{ wobei } R = \frac{^{14}N_2}{^{14}N^{15}N} \qquad (1)$$

oder auch

$$^{14}N(\text{Atom-\%}) = \frac{100}{2R' + 1}, \text{ wobei } R' = \frac{^{15}N_2}{^{14}N^{15}N} \qquad (2)$$

Bei den kommerziellen Analysatoren NOI-5 und NIA-1 [2–4] werden abgeschmolzene Entladungsrohre, in denen sich das auf seine isotope Zusammensetzung zu untersuchende Stickstoffgas befindet, verwendet. Die Entladungsrohre werden nach bekannten Methoden [5] mit dem Probengas gefüllt und in der Regel nur einmal verwendet. Für eine Messung einer isotopen Zusammensetzung werden im Routinebetrieb ca. 20 min, ausgehend von Ammoniumsalz, bis zum fertigen Meßergebnis benötigt. Der ^{15}N-Konzentrationsbereich erstreckt sich von natürlicher Isotopenhäufigkeit (0,365 Atom-%) bis 80% an der 2-0 Bande, bzw. von 80 bis ca. 98 Atom-% an der 0-2 oder 1-3 Bande.

Der Meßfehler liegt bei $\pm$ 1,5% relativ $\pm$0,01 Atom-% ^{15}N. In dem Gerät Isonitromat erfolgt, ausgehend von Ammoniumsalzlösung, die chemische Umsetzung zu molekularen Stickstoff über die Hypobromitreaktion

$$2\,NH_4^+ + 3\,BrO^- + 2\,OH^- \rightarrow N_2 + 5\,H_2O + 3\,Br^-$$

automatisch [6, 7]. Das Probengas gelangt über entsprechende Drosselkapillaren in ein festintegriertes Quarzentladungsrohr, in dem die Lichtanregung mittels HF erfolgt. Ein Schwingspalt sorgt am Ausgang des Monochromators für eine schnelle Spektrenabtastung der 2-0 Bande [8]. Die

[1]) Anschrift: 7050 Leipzig, Permoserstr. 15

[2]) An der Entwicklung dieses Gerätes waren außer den Autoren wesentlich beteiligt: *G. Andrä, D. Krieg, W. Küfner, W. Nitschke, N. Rahm, W. Rose, G. Schmidt, G. Tamme* und *D. Wichlacz*

Auswertung geschieht bis zum korrigierten ^{15}N-Meßwert in Atom-% elektronisch [9]. Der ^{15}N-Konzentrationsbereich erstreckt sich von 0,37% bis 30% ^{15}N. Abgeschmolzene Entladungsrohre können nicht gemessen werden. Die Zeit für eine Doppelbestimmung an 120 µg N beträgt 3 min einschließlich der probenchemischen Umsetzung. Mit dem NIRD nitrogen-15 analyzer [10] kann ebenfalls eine automatische ^{15}N-Bestimmung durchgeführt werden. Das physikalische Grundprinzip ist das gleiche, jedoch werden spezielle Verfahren der probenchemischen Umarbeitung und der elektronischen Signalgewinnung angewandt.

Aufbau und Wirkungsweise des NOI-6

Der NOI-6 bietet eine schnelle und modernen Anforderungen entsprechende Möglichkeit, die relativen Isotopenhäufigkeiten von ^{15}N bzw. ^{14}N zu bestimmen. Der Analysator arbeitet nach dem emissionsspektrometrischen Prinzip unter Anwendung des Schwingspaltverfahrens. Er besteht aus 4 Hauptgruppen, und zwar

- dem Gittermonochromator (*Ebert*-Anordnung) mit einem Gitter von 1300 lin/mm, ausgerüstet mit festem Eintrittsspalt und Austrittsschwingspalt mit einer Frequenz von ≈80 Hz und einer Amplitude von 1,6 mm [11]. Die Spaltabmessungen betragen: Breite 80 µm, Höhe 8 mm.
- dem HF-Generator mit einer Vorrichtung zur Anregung von abgeschmolzenen Entladungsrohren und einem fest installierten Durchflußquarzentladungsrohr [12]. Die Frequenz des Generators beträgt 27,12 MHz, die Anodenverlustleistung etwa 60 W. Der Generator einschließlich der Anregungsvorrichtung sowie das dazugehörige Netzteil befinden sich in einem gut abgeschirmten Gehäuse.
- dem integrierten probenchemischen Umarbeitungssystem (IPUS), das über Kapillarleitungen mit dem im HF-Generator befindlichen Gasentladungsrohr verbunden ist und zur Umarbeitung von Ammoniumsalzlösungen zu gasförmigem Stickstoff mittels Natriumhypobromit dient [13].
- dem gesamten Elektronikteil des Analysators, bestehend aus dem Netzteil, der Signalgewinnung und -verarbeitung sowie den Anzeigeeinrichtungen (im wesentlichen Oszillograph und Digitalvoltmeter) [14].

Der Aufbau des Analysators ist aus Abb. 1 bis 3 zu ersehen.

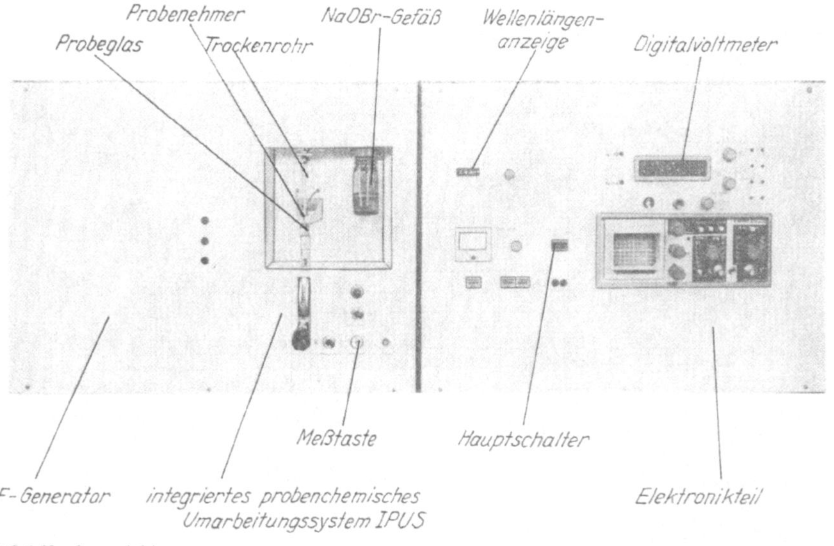

Abb. 1. NOI-6 Vorderansicht

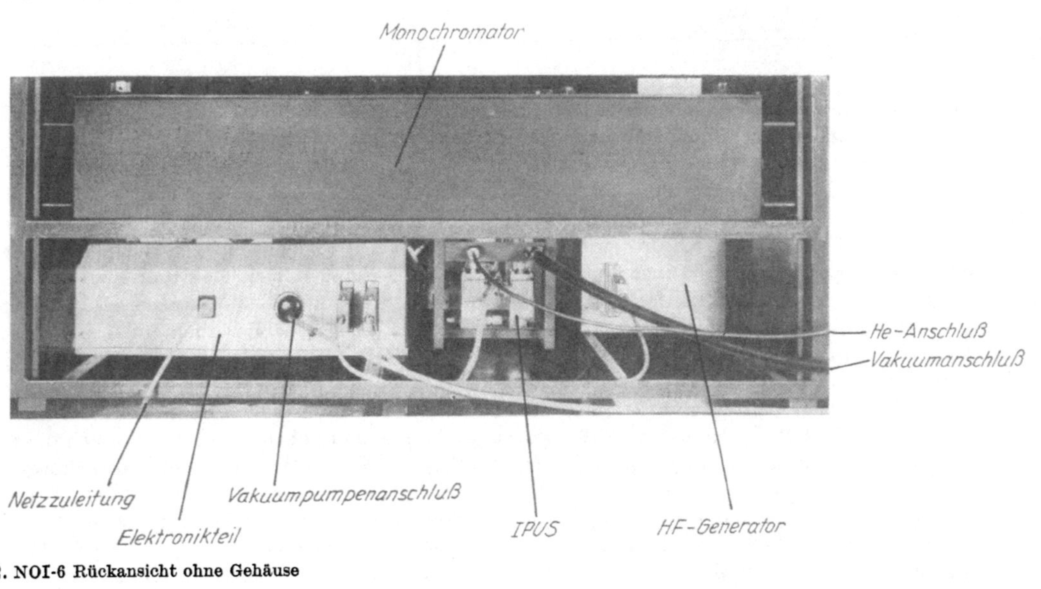

Abb. 2. NOI-6 Rückansicht ohne Gehäuse

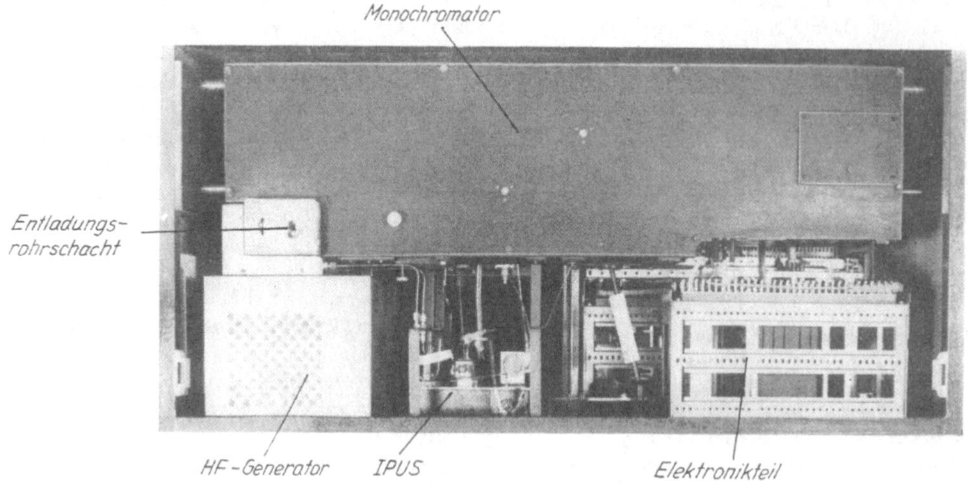

Abb. 3. NOI-6 Draufsicht ohne Gehäuse

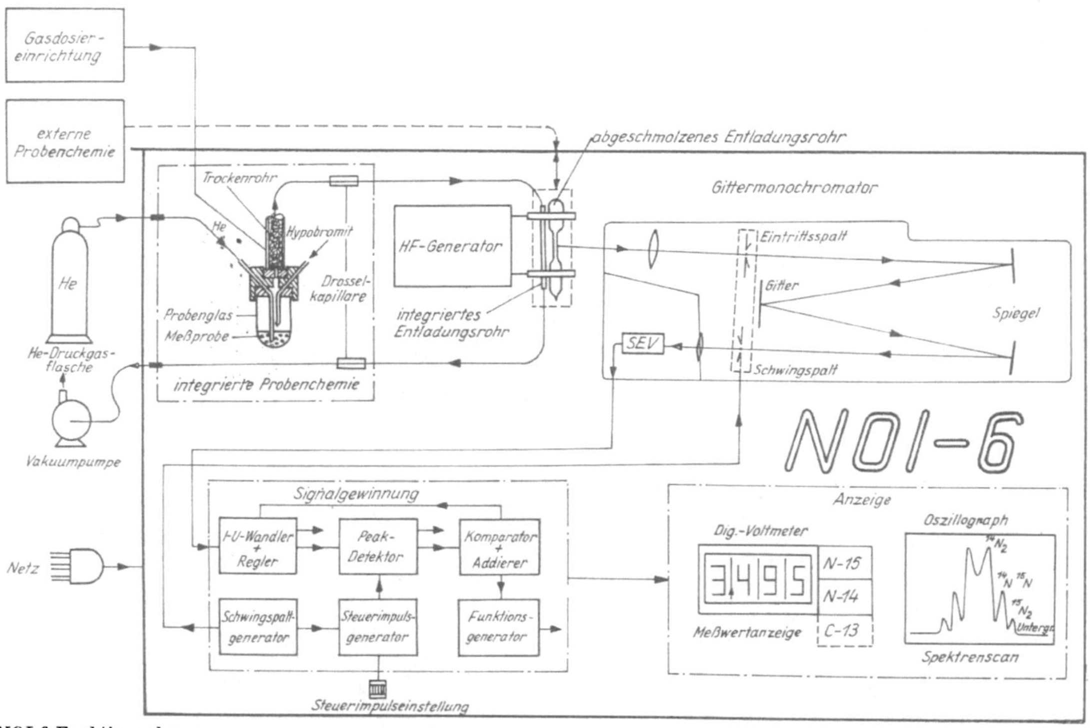

Abb. 4. NOI-6 Funktionsschema

Aus dem in Abb. 4 dargestellten Funktionsschema ist die prinzipielle Wirkungsweise des NOI-6 erkennbar. Man hat sowohl die Möglichkeit, abgeschmolzene Entladungsrohre zu messen, die nach bekannten Methoden herstellbar sind, als auch das IPUS zu benutzen, mittels dessen die Bestimmung relativer ^{15}N- bzw. ^{14}N-Häufigkeiten an gelösten Ammoniumsalzen oder auch über ein geeignetes Anschlußstück an gasförmigen N_2-Proben direkt möglich ist. Bei Arbeiten mit abgeschmolzenen Entladungsrohren wird lediglich ein Netzanschluß benötigt. Bei Arbeiten mit dem IPUS einschließlich dem fest eingebauten Quarzentladungsrohr sind zusätzlich eine Vakuumpumpe und eine Druckgasflasche mit Reinsthelium erforderlich. In jedem Fall wird das Gas in einem Entladungsrohr durch Hochfrequenz, die im HF-Generator erzeugt wird, zur Lichtemission angeregt. Das emittierte Licht wird in einem Gittermonochromator in seine Spektralanteile zerlegt und fällt durch einen Schwingspalt auf die Kathode des SEV.

Der Schwingspalt tastet den gewünschten Spektralbereich, so daß der Anodenstrom des SEV ein den Lichtsignalen (Spektrallinien oder Banden) proportionales elektrisches Signal liefert. Dieses wird in der Signalgewinnungseinheit — das Prinzip ist in Abb. 6 dargestellt — bis zum digitalen ^{15}N- bzw. ^{14}N-Meßwert verarbeitet. Dies erfolgt, indem das SEV-Signal mittels elektronischer Schalter, die synchron zur Schwingspaltfrequenz von einem Steuerimpulsgenerator angesteuert werden, in 4 Kanäle aufgetrennt wird, welche die Impulse des $^{14}N_2$-, des $^{14}N^{15}N$-, des ^{15}N-Signals und den Spektrenuntergrund enthalten. Die elektronischen Schalter sind in die Peak-Detektoren integriert. In Abb. 5 sind neben dem Spektrenscan die Signalimpulse $^{14}N_2$, $^{14}N^{15}N$ und ^{15}N zu sehen. Nach Umwandlung der Impulse in Gleichspannungen mittels Peak-Detektoren, die den Spitzenwert der Impulse erfassen, wird über eine Rückkopplung des Signals $2 \cdot {}^{14}N_2 + {}^{14}N^{15}N$ die SEV-Spannung so beeinflußt, daß dieses Signal $2 \cdot {}^{14}N_2 + {}^{14}N^{15}N$

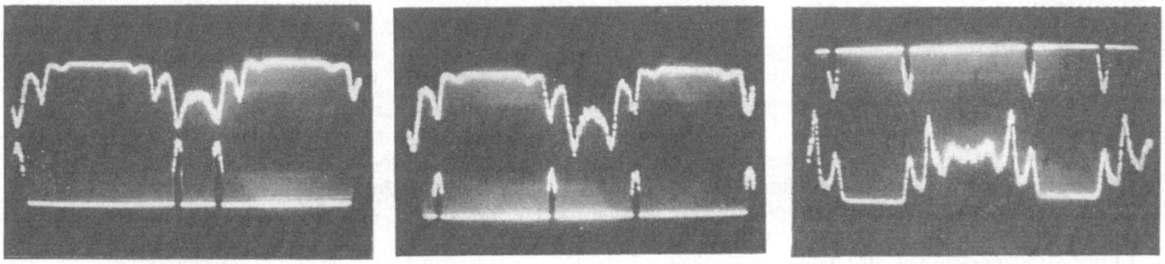

a b c

Abb. 5. Spektrenscan und Signalimpulse
a) $^{14}N_2$ Signal bei 25 Atom-% ^{15}N
b) $^{14}N^{15}N$ Signal bei 25 Atom-% ^{15}N
c) $^{15}N_2$ Signal bei 56 Atom-% ^{15}N

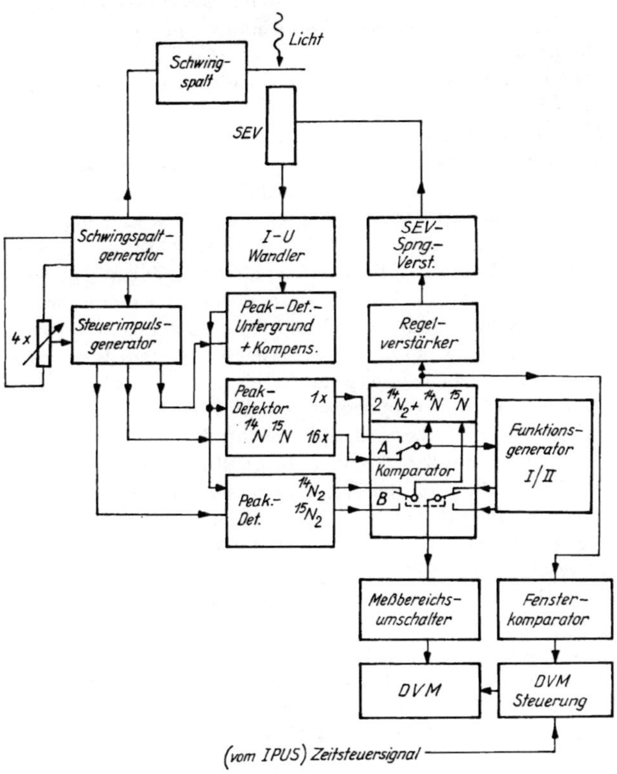

Abb. 6. Prinzip der Signalgewinnung des NOI-6

= konstant = 10 V gehalten wird. Nach Gleichung (1) und (2) erhält man dadurch Proportionalität des $^{14}N^{15}N$-Signals mit der ^{15}N-Konzentration in Atom-%, wenn das $^{14}N_2$- und das $^{14}N^{15}N$-Signal ausgewertet werden, bzw. mit der ^{14}N-Konzentration in Atom-%, wenn das $^{15}N_2$- und das $^{14}N^{15}N$-Signal ausgewertet werden. Die Komparatoren A und B sorgen für eine automatische Umschaltung der Verstärkerbereiche bzw. der Signale (s. Abb. 6). Die Konstanthaltung der Summenspannung $2\,^{14}N_2 + {}^{14}N^{15}N$ bzw. wenn $^{15}N_2 > {}^{14}N_2$ der Summenspannung $2\,^{15}N_2 + {}^{14}N^{15}N$ hat den Vorteil, daß die sich einstellende SEV-Hochspannung nicht mehr von der ^{15}N-Häufigkeit, sondern nur noch von der Intensität der N_2-Bande abhängt. Das ermöglicht u. a. die Messung der relativen ^{15}N-Häufigkeit an einer Bande (hier der 2-0 Bande) in einem Bereich von 0,37 Atom-% bis ca. 80 Atom-% ^{15}N.

Die Meßwertanzeige erfolgt, wenn über den Fensterkomparator an die DVM-Steuerung das Signal gegeben wird, daß $2\,^{14}N + {}^{14}N^{15}N = 10\ V \pm 20\ mV$ ist und gleichzeitig ein Zeitsteuersignal vom IPUS signalisiert, daß eine Meßprobe das Entladungsrohr durchströmt. Da die Digitalanzeige 4stellig erfolgt, also z.B. 0·431, ist wegen des großen Meßbereiches ein dreistufiger Meßbereichumschalter vor das Digitalvoltmeter geschaltet. Bereits nach kurzer Einarbeitungszeit ist es möglich, nach dem Spektrenscan am Oszilloskop, der ja beim Durchströmen einer Probe oder beim Einsetzen eines abgeschmolzenen Entladungsrohres sofort sichtbar ist, den richtigen Meßbereich zu wählen. Durch das beschriebene Prinzip bedingt, wird bei relativen ^{15}N-Häufigkeiten von ≥ 60 Atom-% der ^{14}N-Wert angezeigt. Zur Erhöhung der Anwenderfreundlichkeit des Gerätes trägt die Möglichkeit bei, den unkorrigierten Meßwert, den mittels Funktionsgenerator korrigierten Meßwert oder auch den Exzess-Wert anzeigen zu können.

Der Spektrenscan mit Tast- bzw. Signalimpulsen wird auf dem Bildschirm eines im Gerät integrierten Oszillographen dargestellt. Prinzipiell besteht die Möglichkeit, Spektrenausschnitte von ca. 10 ... 40 Å (bei 0,66 ... 2,6 mm Schwingspaltamplitude und 15 Å/mm linearer Dispersion des Monochromators) zu tasten und oszillographisch darzustellen. Vier Steuerimpulse können innerhalb des Spektrenausschnittes mittels der Steuerimpulseinstellung an eine beliebige Stelle des Spektrenausschnittes justiert werden. Der Wellenlängenbereich ist einstellbar von ca. 2200 bis 6000 Å. Durch diese Einstellmöglichkeit ist es einfach, dieses Prinzip zur automatischen Auswertung auch anderer, eng benachbarter Spektrallinien anzuwenden [15, 16]. Dabei ist durch relativ einfache Änderungen ebenso die Konstanthaltung eines anderen Summensignals, z.B. $^{12}C + {}^{13}C$, bei der Auswertung von ^{13}C-Isotopenhäufigkeiten nach der Funktion $^{13}C(\text{Atom-\%}) = \frac{100\,^{13}C}{^{12}C + {}^{13}C}$ möglich, wodurch hier ebenfalls Proportionalität zwischen dem ^{13}C-Signal und der relativen ^{13}C-Häufigkeit erzielt wird.

Messung abgeschmolzener Entladungsrohre

Die Durchführung der Messung abgeschmolzener Entladungsrohre gestaltet sich denkbar einfach. Nach Einschalten des Analysators in das Betriebsregime „abgeschmolzene Entladungsrohre" wird ein Entladungsrohr in den Entladungsschacht gesteckt und zündet dort bei richtigen Druckverhältnissen im Entladungsrohr (bei reinem Stickstoff 3—5 Torr) selbsttätig. Ist nach dem Spektrenscan der richtige Meßbereich gewählt, muß lediglich der Druckknopf „Messen" kurzzeitig gedrückt werden. 12 Sekunden danach wird der korrigierte ^{15}N-Meßwert digital angezeigt. Man wird gewöhnlich die Messung 3 × wiederholen. Die Entladungsrohre sollten jedoch nicht länger als eine Minute im Entladungsschacht verbleiben, da sich auf Grund der starken Erwärmung die Entladungsparameter stark ändern und es u. a. bei einigen Glassorten zum Zerschmelzen der Entladungskapillare kommen kann. Beste Ergebnisse mit minimalen Meßfehlern ($\leqq 1\%$ relativ) werden mit Quarzrohren erzielt, da hier unterschiedliche Absorptionen und Wanddickeneffekte so gut wie keine Rolle spielen [17]. Größere Fehler entstehen bei Verwendung anderer Materialien wie z.B. Rasotherm, da im Wellenlängenbereich der 2-0 Bande (290 nm) starke Absorptionsänderungen in Abhängigkeit von der Wellenlänge auftreten und sich dadurch Veränderungen bzw. übliche Toleranzen der Kapillarwanddicke nachteilig bemerkbar machen. Auf Grund der physikalisch bedingten Bandenüberlagerungen und der oben beschriebenen Effekte ist der Analysator mit 2 elektronischen Funktionsgeneratoren ausgerüstet. Ein Funktionsgenerator ist für abgeschmolzene Entladungsrohre, der andere für das fest integrierte Durchflußquarzentladungsrohr vorgesehen. Die unkorrigierten Meßwerte abgeschmolzener Standardentladungsrohre aus definiertem Material, hergestellt nach definierten Verfahren [18, 19], werden aufgenommen und der Funktionsgenerator, der sich auf einer Leiterplatte befindet, danach eingestellt. Bei anderen Probenherstellungsverfahren oder anderen Glasmaterialien sollte die Korrekturfunktion neu aufgenommen bzw. ein anderer Funktionsgenerator benutzt werden, da lediglich durch Auswechseln einer Leiterplatte eine entsprechende bzw. passende Funktion eingesetzt werden kann.

Mit dem NOI-6 lassen sich ferner die bereits beschriebenen Halbmikro-Gasentladungsrohre [20] messen, die eine wesentliche Verringerung der Probenmenge gegenüber den Standardentladungsrohren gestatten.

Die Halbmikrorohre werden in bekannter Weise mit 10 mg CuO p. a. und 1 mg ($\leqq 2$ µg N) bzw. 3 mg (2 µg 10 $m \leqq 8$ µg N) Molsieb A4 (Körnung 0,4 bis 0,6 mm) sowie mit der Substanzkapillare beschickt, evakuiert und vor dem Abschmelzen mehrmals bis an den Erweichungspunkt des Glases ausgeheizt. Bei Probenmengen unter 2 µg N wird außerdem das Probenrohr zweimal mit ca. 50 Torr Reinstsauerstoff gefüllt, erhitzt und wieder evakuiert, wobei der im Molsieb noch enthaltene Stickstoff weitgehend gegen Sauerstoff ausgetauscht und abgepumpt wird.

Zur Messung werden die Halbmikrorohre ebenso wie Standardrohre in den Entladungsschacht eingeführt; das Herausnehmen wird durch ein zusätzliches Hilfswerkzeug erleichtert.

Dank der kurzen Meßzeit am NOI-6 gelingt es in Verbindung mit der nunmehr feineren Molsieb-Körnung und der O_2-Behandlung, im Routinebetrieb verläßliche ^{15}N-Häufigkeiten an Stickstoffmengen von 8 µg bis herab zu 0,5 µg N zu bestimmen.

Messung mit probenchemischer Umarbeitung

Mittels des IPUS des NOI-6 können Isotopenhäufigkeitsbestimmungen an gelösten Ammoniumsalzen vorgenommen werden. Abb. 7 zeigt ein Funktionsschema des IPUS. Die Meßproben liegen in speziellen Probengläschen (Höhe 20 mm, Außendurchmesser 6 mm) vor, wobei der Probenstickstoff stets in etwa 30 μl Flüssigkeit enthalten sein sollte. Zur Messung wird ein Probengläschen gasdicht an den Probennehmer gedrückt. Ein Heliumstrom, der aus der Stahlflasche über den Druckkonstanthalter R und das Absperrventil V1 kommt, spült das Probengläschen in 1 min luftfrei. Nach Ablauf dieser Zeit wird selbsttätig das Dosierventil V3 für einige Zehntelsekunden geöffnet und der Meßvorgang gestartet. Der bei geschlossenem Entspannungsventil V2 auf dem Hypobromitreservoir liegende Überdruck läßt während der Öffnung des Dosierventils ca. 15 μl einer 0,10 M Natriumhypobromitlösung durch die Drosselkapillare in das Probengläschen fließen. Der freigesetzte Stickstoff wird vom Trägergas durch das mit Molsieb Zeosorb A4 gefüllte Trockenrohr geführt und erreicht nach wenigen Sekunden das Gasentladungsrohr im HF-Sender. Gleichzeitig mit der Hypobromitdosierung wird die Meßwerterfassung entsprechend dem Vorgang bei der Messung abgeschmolzener Entladungsrohre eingeleitet, so daß etwa 12 Sekunden später der Meßwert am Digitalvoltmeter ansteht.

Die angewandte Methode bietet zwei wesentliche Vorteile. Da die Meßprobe in der flüssigen Phase keinem mechanischen Transport unterliegt, kann der Memoryeffekt, der nur noch auf Sorptionseffekten in den Gaswegen be-

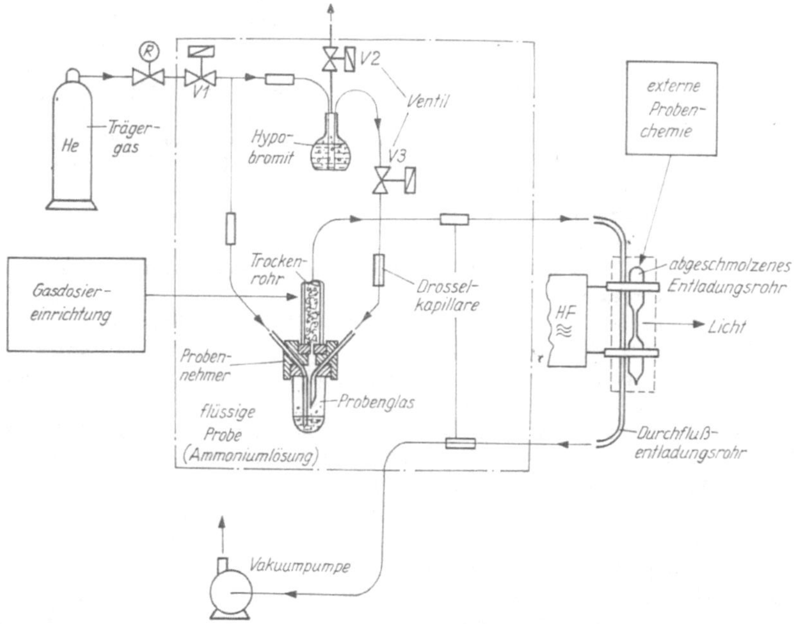

Abb. 7. IPUS Funktionsschema

ruht, klein gehalten werden. Der zweite Vorteil, die weitgehende Unterdrückung des Einflusses von parasitärem Stickstoff auf das Meßergebnis, beruht auf der Unterschußdosierung des Natriumhypobromits. Dessen Menge ist so abgestimmt, daß stets nur etwa 10 µg Ammoniumstickstoff umgesetzt werden können, unabhängig von der vorgelegten Probenmenge. Der unvermeidlich vorhandene parsitäre Stickstoff führt in jeder Probe zu einer relativ konstanten Isotopenverdünnung, die bei der Einstellung des Funktionsgenerators eingeeicht werden kann.

Messung gasförmiger Proben aus einem Probengasstrom oder mittels gasdichter Spritzen

Mit einer zusätzlichen Gasdosiereinrichtung ist es möglich, die relative ^{15}N-Häufigkeit sowohl aus einem kontinuierlichen N_2-Gasstrom oder auch mittels gasdichter Spritzen in diskontinuierlicher Arbeitsweise zu bestimmen. Das Prinzip der Gasdosiereinrichtung ist in Abb. 8 dargestellt. Statt des Trockenrohres wird in das IPUS des Analysators ein Metallstück entsprechend Abb. 8 eingesetzt und der He-Trägergasstrom in den Probennehmer eingespeist. Der Trägergasstrom gelangt nun über das Probengas und den Anschluß 2 des Metallstückes in die Gasdosiereinrichtung. In dieser befindet sich eine Vorrichtung mit Septum, die Einrichtung zur definierten Probennahme aus einem Gasstrom und das Trockenrohr. Wird die Stellung des Schiebers von Position A und B oder auch umgekehrt geändert, wird jeweils ein definiertes und konstantes Volumen des Probengasstromes in den Trägergasstrom eingespeist und gelangt über das Trockenrohr, den Anschluß 1 und eine Drosselkapillare in das Entladungsrohr. Die Bestimmung und Anzeige der relativen ^{15}N-Häufigkeit erfolgt wie beschrieben. Bei dieser Arbeitsweise sind Meßfolgen von 12—15 Sekunden möglich, d. h., alle 12—15 Sekunden kann die Position des Schiebers verändert werden, so daß alle 12—15 Sekunden dem Probengasstrom eine Meßprobe zur Analyse entnommen wird. Soll mittels gasdichter Spritzen eine Probe über das Septum in den Trägergasstrom eingespeist werden, bleibt die Stellung des Schiebers unverändert. Die Arbeitsweise bleibt dabei prinzipiell unverändert. Das Gerät ist bei diesen Messungen im Betriebsregime IPUS zu betreiben. Der Meßvorgang wird von in Abb. 8 nicht dargestellten Endkontakten des Schiebers oder im Falle der Spritzendosierung von Hand ausgelöst.

Technische Daten

Im folgenden sind die technischen Daten des Analysators zusammengefaßt dargestellt.

Meßbereich:	0,365 bis 80 Atom-% ^{15}N
Anzeige:	als ^{15}N bis ca. 65 Atom-% ^{15}N als ^{14}N ab ca. 65 bis 80 Atom-% ^{15}N
Meßfehler:	$\pm 1{,}5\%$ relativ $\pm 0{,}01$ Atom-% des jeweils selteneren Isotops bei Dreifachmessung und einem Vertrauensbereich von $\pm 2\,\sigma$
Probenform:	Konfektionierte Gasentladungsrohre oder Ammoniumsalzlösungen; mit Zusatzeinrichtung auch N_2-Gas
Probenmenge:	10 µg N_2 in Standard-Gasentladungsrohren; 0,5 bis 8 µg N_2 in Halbmikro-Gasentladungsrohren; 10 bis 50 µg N als NH_4^+ in 25 µl Wasser bei Messung flüssiger Proben
Dauer einer Messung:	Gasentladungsrohre: 20 s Ammoniumsalzlösungen: 120 s
Anschlußbedingungen:	50 Hz, 220 V, 3 A; ohne Vakuumpumpe 1 A
Betriebsart:	Dauerbetrieb
Aufstellungsbedingungen:	erschütterungsfrei, keine direkte Sonnenbestrahlung, nicht in der Nähe von Wärmequellen, Raumtemperatur zwischen 18 und 26 °C, Schwankungen möglichst nicht über $t \pm 3$ °C
Außenmaße:	L × B × H = 1170 mm × 540 mm × 450 mm
Zubehör:	Um mit dem Gerätesystem arbeiten zu können, sind außer dem Grundgerät NOI-6 weiterhin erforderlich: 1 Vakuumpumpe, angeschlossen über Vakuumschlauch 1 Druckgasflasche Helium R 40 oder R 50, angeschlossen über Metallrohrleitung 2 Reservoir-Gasflaschen, 100 ml, Gewinde 4 Trockenrohre 10 NOI-6-Probengläschen 1 Ständer für Probengläschen 1 100-µl-Spritze 1 Hilfswerkzeug

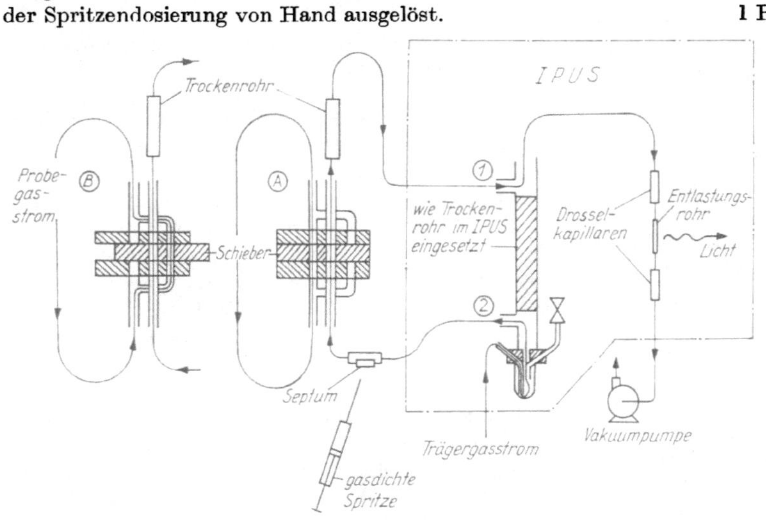

Abb. 8. Gasdosiereinrichtung
Bitte beachten: Statt Entlastungrohr lies Entladungsrohr.

Mit diesem Gerät wird den Anforderungen der Anwender weitgehend Rechnung getragen. Hervorzuheben sind insbesondere die Meßmöglichkeit flüssiger und gasförmiger Proben geringer Probenmenge sowie abgeschmolzener kommerzieller Entladungsrohre ohne Umrüstung des Analysators. Weiterhin muß hervorgehoben werden, daß die Fehlerangabe (s. techn. Daten) die Fehler der probenchemischen Umarbeitung oder der normalen Toleranzen der Kapillarwanddicke enthält. Mit abgeschmolzenen Quarzrohren sind statistische Schwankungen der Einzelmeßwerte $\leqq 1\%$ relativ erreichbar.

Eingegangen am 21. 5. 1981

Literatur

[1] *R. W. P. Pearse, A. C. Gaydon*, The identification of moleculare spectra Verlag: Chapmann and Hall LTD London 1950
[2] *G. Meier, G. Müller*, Isotopenpraxis 1 (1965) 53
[3] VEB Statron Fürstenwalde, Firmendruckschrift „Der ¹⁵N-Analysator NOI-5" (1974)
[4] *K. Kumazawa*, Jasco Spectra, 2, Nr. 1
[5] *H. Faust*, Isotopenpraxis 18 (1965) 313
[6] *H. Gerstenberger* u. a., GIT Mai 1974, S. 452; Juni 1974, S. 547
[7] *K. Wetzel*, Isotopenpraxis 10 (1974) 85
[8] *G. Meier*, Feingerätetechnik 10 (1975) 460
[9] *G. Meier*, WP 72598 GO1J, 1/04, 20. 06. 68
[10] *J. D. S. Goulden, D. N. Salter*, Analyst 104 (1979) 756
[11] *G. Meier*, WP 88960 HO3B, 5/00, 11. 05. 71
[12] *W. Rose, W. Nitschke*, WP 141574, GO1N 7/00, 26. 01. 79
[13] *K. Mauersberger, G. Meier, G. Schmidt*, WP 136301, GO1N 1/28, 27. 06. 79
[14] *G. Meier*, WP 139309, GO1T 1/17, 06. 10. 78
[15] *V. Middelboe, S. Johansen*, pers. Mitteilung, veröffentl. in Applied Spectroscopy 32 (1978) 511
[16] *H. S. Johansen, V. Middelboe*, Vortrag auf der „4th Int. Conf. on Stable Isotopes, Jülich, März 1981
[17] *G. Müller*, Isotopenpraxis 9 (1973) 365
[18] *H. Faust*, Isotopenpraxis 3 (1967) 62
[19] *H. Faust*, Isotopenpraxis 1 (1965) 100
[20] *K. Mauersberger*, Isotopenpraxis 15 (1979) 320

Zur Extraktion von Metallsalzen mit makrocyclischen Kronenethern

K. Gloe[1]), *P. Mühl*[1]), *A. I. Kholkin*[2]), *M. Meerbote*[3]), *J. Beger*[3])

([1]) Zentralinstitut für Festkörperphysik und Werkstofforschung der AdW der DDR; [2]) Institut für Anorganische Chemie der Sibirischen Abteilung der AdW der UdSSR; [3]) Sektion Chemie der Bergakademie Freiberg)

Makrocyclische Kronenether sind infolge ihrer stereoselektiven Komplexbildung mit Metallionen als Extraktionsmittel geeignet. Am Beispiel von 8 unterschiedlich substituierten Kronenethern wurde das Extraktionsverhalten dieser Verbindungen gegenüber einer Reihe von Alkali-, Erdalkali- und Übergangsmetallsalzen untersucht. Die ermittelten Reihen abgestufter Extrahierbarkeit folgen im wesentlichen dem Gang der Komplexstabilitätskonstanten. Die Zusammensetzung der extrahierten Metallkomplexe entspricht der allgemeinen Form MLA_n bzw. ML_2A_n. Außerdem ist auch die Extraktion metallhaltiger Anionen der Form $M^1LM^2A_m$ möglich.

Keywords

chelating agents; complexes; ethers; metals; separation processes; solvent extraction; stability constants

1. Einleitung

Seit der 1967 erfolgten ersten Synthese von makrocyclischen Poly- oder Kronenethern durch *Pedersen* [1] haben diese Verbindungen auf Grund ihrer außergewöhnlichen komplexchemischen Eigenschaften ständig wachsendes Interesse gefunden (vgl. [2—14]). Dabei handelt es sich bei diesen Verbindungen um cyclische Ether mit einer unterschiedlichen Zahl von Sauerstoffatomen im Ring, die jeweils durch 2 oder mehr Kohlenstoffatome überbrückt sind. Durch den Ringschluß entsteht ein System, das einen inneren hydrophilen Hohlraum und eine äußere lipophile Hülle aufweist. Abb. 1 zeigt eine allgemeine Strukturformel. Die Anordnung der Ethersauerstoffatome führt zu einer ausgeprägten Komplexbildungstenden zinsbesondere gegenüber Alkali- und Erdalkalimetallionen, aber auch gegenüber zahlreichen Übergangsmetallionen. Die gebildeten Metall-Kronenether-Komplexe (vgl. Abb. 1) besitzen oft eine gute Löslichkeit in organischen Lösungsmitteln und eröffnen damit vielfältige Anwendungsmöglichkeiten, beispielsweise in der organischen Synthese [2, 9], in der Biophysik [10], aber auch als Extraktionsmittel [2, 11]. Gerade die letztgenannte Anwendung verspricht im Rahmen der aus verschiedenen Gründen notwendigen Suche nach metallspezifischen Extraktionsmitteln interessante Nutzungsmöglichkeiten [15, 16]. Es sei an dieser Stelle beispielsweise auf die Bedeutung der

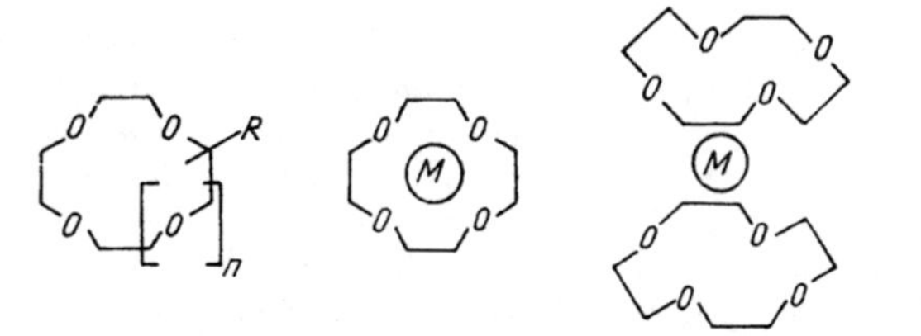

Abb. 1. Vereinfachte Struktur makrocyclischer Kronenether und ihrer Metallkomplexe

Alkali- und Erdalkalimetallabtrennung im Rahmen der Kernbrennstoffwiederaufbereitung hingewiesen [17].

Die Komplexbildung mit makrocyclischen Polyethern hängt entscheidend vom Radienverhältnis Kronenetherring zu Metallion ab, da das Metall im allgemeinen im freien Raum innerhalb des Rings angeordnet wird. Damit läßt sich auch die Metallionenselektivität durch gezielte Ringvergrößerung bzw. -verkleinerung steuern. Außerdem sind die Ladung des Metalliosn, die Basizität der Sauerstoffatome sowie sterische Besonderheiten der Ether von Bedeutung [2].

Eine weitere entscheidende Einflußgröße auf die Extraktion stellt die Solvatisierbarkeit des als Gegenion in der organischen Phase notwendigen Anions dar. Erwartungsgemäß werden insbesondere große und leicht solvatisierbare Anionen, wie Pikrat, Tetraphenylborat u. ä., in eine organische Phase überführt, und die Extraktion der entsprechenden Alkali- bzw. Erdalkalimetallsalze wird möglich

Anschriften: ¹) 8027 Dresden, Helmholtzstr. 20; ²) 630090 Nowosibirsk, Prospekt Nauki 3; ³) 9200 Freiberg, Leipziger Straße

[11]. Die in der Literatur dazu vorliegenden Ergebnisse sind umfangreich [18—38]. Metallnitrate, -chloride und -sulfate werden demgegenüber wesentlich schlechter extrahiert [39—47], was durch ihre bedeutend geringere Neigung zur Solvatation und ihre starke Hydratation in wäßriger Lösung bedingt ist. Durch Variation des Verdünnungsmittels und Zusatz von Verbindungen, die speziell die Anionensolvatation erhöhen, wie z.B. Alkohole, Phenole, TBP [41—43, 46—48], kann auch die Extraktion dieser Metallsalze weiter erhöht werden.

In der vorliegenden Arbeit wird über Untersuchungen zur Extraktion einer Reihe von Alkali-, Erdalkali- und Übergangsmetallnitraten und -chloriden mit verschiedenen Kronenethern berichtet. Dabei wird sowohl der Einfluß der Kronenetherstruktur als auch von Anion, Verdünnungsmittel, *p*H-Wert, Metallkonzentration und Zusätzen zur Anionensolvatation diskutiert.

2. Experimentelle Angaben

Die eingesetzten Kronenether wurden nach [1] synthetisiert. Dicyclohexo-18-krone-6 (Fluka, Neu-Ulm/BRD) hatte den Reinheitsgrad „rein" und wurde im Isomerengemisch eingesetzt. Alle anderen eingesetzten Verbindungen und Lösungsmittel hatten den Reinheitsgrad „zur Analyse". Die Verteilungsuntersuchungen erfolgten in Schütteltrichtern bei 22 ± 1 °C. Das Phasenverhältnis $V_{(org)}:V_{(w)}$ betrug 1:1, die Schütteldauer 30 min. Die Gleichgewichtseinstellung erfolgt in den meisten Fällen innerhalb weniger Minuten (≦ 5 min). Mit etwas geringerer Geschwindigkeit werden Quecksilber und Gold extrahiert (≦ 15 min). Die Konzentrationsbestimmung erfolgte in beiden Phasen unter Einsatz der Radionuklide ^{110m}Ag, ^{137}Cs, ^{22}Na, ^{198}Au, ^{86}Rb, ^{85}Sr, ^{42}K, ^{203}Hg, ^{59}Fe sowie ^{204}Tl. Zur Messung der γ-Strahlung wurde ein Szintillationsmeßplatz des VEB Meßelektronik Dresden (Zählmeßgerät 22024) mit einem NaJ-(Tl)-Bohrlochkristall eingesetzt. Zur Messung des β-Strahlers Tl-204 wurde die Flüssigszintillationsmessung angewandt (Meßgerät Wallac 81000 der Firma LKB, Stockholm/Schweden). Als Szintillator diente eine PPO/POPOP-Dioxan-Lösung, die die Messung sowohl von organischen als auch wäßrigen Proben gestattet. Löscheffekte wurden durch entsprechende Korrekturen berücksichtigt.

3. Ergebnisse und Diskussion

Das Extraktionsgleichgewicht für die Extraktion von Metallsalzen mit makrocyclischen Kronenethern wird allgemein durch die folgende Reaktionsgleichung charakterisiert:

$$M^{n+}_{(w)} + s\,L_{(org)} + n\,A^-_{(w)} \overset{K^0_{Ex}}{\rightleftharpoons} (ML_sA_n)_{(org)} \qquad (1)$$

wobei

M^{n+} = n-wertiges Metallion
A^- = Anion
L = makrocyclischer Kronenether
K^0_{Ex} = Extraktionskonstante
(w) und (org) die wäßrige bzw. organische Phase des Extraktionssystems kennzeichnen.

Durch thermodynamische Analyse des Extraktionsgleichgewichts kann die Zusammensetzung der extrahierten Verbindungen ermittelt werden (vgl. [49]). Die experimentell leicht zugängliche Meßgröße ist dabei das Verteilungsverhältnis $D_M \left(D_M = \frac{c_{M(org)}}{c_{M(w)}}\right)$.

Die Untersuchungen wurden mit den in Abb. 2 angegebenen Kronenethern durchgeführt.

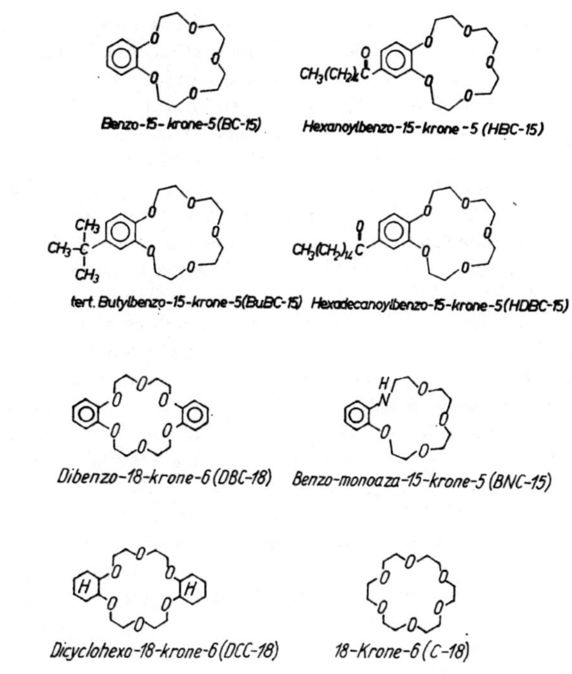

Abb. 2. Struktur und Bezeichnung der getesteten Kronenether

3.1. *Einfluß der Konzentration der Komponenten*

In Abb. 3 sind Ergebnisse von Extraktionsuntersuchungen für eine Reihe unterschiedlicher Metallionen und Dibenzo-18-krone-6 in Abhängigkeit von der Extraktionsmittelkonzentration in Chloroform dargestellt. Für die angeführten Metallnitrate ergibt sich die folgende Reihe abgestufter Extrahierbarkeit: $Hg^{2+} > K^+ > Tl^+ > Ag^+ > Rb^+ > Cs^+ > Na^+ > Sr^{2+}$. Diese Abstufung zeigt insbesondere für Alkalimetallionen den dominierenden Einfluß des Ionendurchmessers. Die Größe des K^+-Ions (266 pm) ist im Vergleich zum Kronenetherhohlraum (260—320 pm) optimal. Tl^+ und Ag^+ ordnen sich entsprechend ein. Von den zwei-

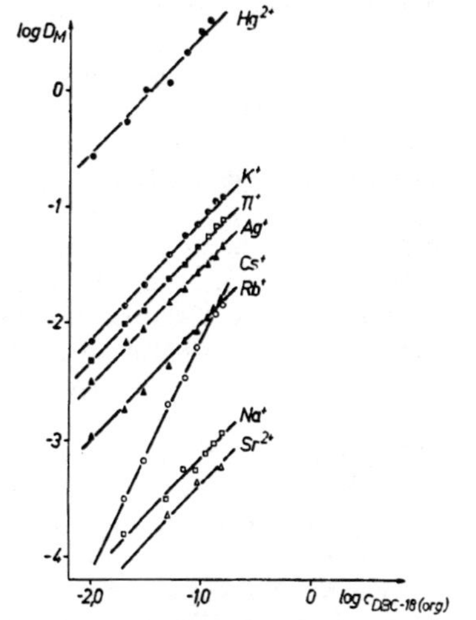

Abb. 3. Extraktion verschiedener Metallnitrate mit DBC-18

$c_{MNO_3} = 2{,}5 \cdot 10^{-2}$ m; $c_{Hg(NO_3)_2} = 5 \cdot 10^{-4}$ m; $c_{(H,Na)NO_3} = 2$ m; $c_{DBC-18} = 1 \cdot 10^{-2} - 1{,}5 \cdot 10^{-1}$ m/CHCl$_3$

wertigen Ionen wird Hg^{2+} trotz seines relativ kleinen Ionendurchmessers am besten extrahiert. Insgesamt folgt die experimentell erhaltene Reihe der Extrahierbarkeit im wesentlichen dem Gang der Stabilitätskonstanten der Metall-Kronenether-Komplexe in wäßriger Lösung [50]. Lediglich für Rb^+ und Na^+ werden trotz ähnlicher Stabilitätskonstanten relativ große Unterschiede in der Extrahierbarkeit beobachtet. Diese Tatsache ist in erster Linie auf die großen Unterschiede in den Hydratationsenergien dieser Ionen in wäßriger Lösung [3] zurückzuführen, da zur Überführung des Metallions bei der Extraktion aus einer wäßrigen in eine organische Lösung der weitgehende Abbau der Hydrathülle erforderlich ist. Abb. 3 zeigt weiterhin, daß die bei Variation der Kronenetherkonzentration erhaltenen Geraden für alle Metallionen mit Ausnahme von Cs^+ den Anstieg 1 aufweisen. Damit sind die extrahierten Metall-Kronenether-Komplexe 1:1-Komplexe, d. h., je Metallion ist ein Kronenethermolekül gebunden. Für Cs^+, das von den untersuchten Metallionen den größten Ionendurchmesser aufweist (334 pm), ergibt sich ein Anstieg der Geraden im $\log D_M - \log c_{DBC-18}$-Diagramm von 2. Damit liegen in diesem Fall 2:1 Komplexe in der organischen Phase vor, zwei Kronenethermoleküle koordinieren mit einem Metallion in Form einer Sandwichverbindung. Die unterschiedlichen Komplexzusammensetzungen stehen in Übereinstimmung mit Literaturergebnissen [11–14] und sind eine Folge der unterschiedlichen Durchmesser der Metallionen. Für die Extraktion ist die Kenntnis der Komplexzusammensetzung wichtig, da Unterschiede, wie aus Abb. 3 ersichtlich, zur Änderung der Selektivität und Trennwirksamkeit in Abhängigkeit von der Kronenetherkonzentration führen. Bei der Extraktion mit Kronenethern ist ein Einfluß der Wasserstoffionen- bzw. der Metallionenkonzentration nicht zu erwarten (vgl. Gl. (1)). Tatsächlich sind die Verteilungsverhältnisse sowohl in einem breiten *p*H-Bereich als auch bei unterschiedlichen Metallkonzentrationen konstant. Ein Einfluß der Nitratkonzentration auf die Extraktion ist allerdings gegeben; D_M ist der Nitratkonzentration proportional (vgl. [44, 45]).

3.2. *Struktureinfluß*

Die Verteilungsverhältnisse D_M für die Extraktion von Metallnitraten mit Dibenzo-18-krone-6 sind mit Ausnahme von Hg^{2+} im untersuchten Konzentrationsbereich <1, was einer Extraktion von $<50\%$ entspricht. Eine Erhöhung der Extraktionsmittelkonzentration ist auf Grund der nur geringen Löslichkeit sowohl des Kronenethers als auch der gebildeten Metallkomplexe nicht möglich. Aber auch für den Quecksilberkomplex ist die Löslichkeit nur gering. Die Ausgangskonzentration an $Hg(NO_3)_2$ betrug bei den Experimenten $5 \cdot 10^{-4}$ mol/dm³. Bei Erhöhung der Konzentration fällt der Komplex als Niederschlag aus. Somit ist DBC-18 für eine Anwendung im Makrokonzentrationsbereich wenig geeignet. Günstigere Verhältnisse erhält man bei Einsatz von Dicyclohexo-18-krone-6. So steigen beim Übergang von DBC-18 zu DCC-18 sowohl die Löslichkeit des Kronenethers [43] als auch die Komplexstabilitätskonstanten [14] stark an. Einen Vergleich der Extraktionseigenschaften von DBC-18 und DCC-18 zeigt Abb. 4 für Hg^{2+}, K^+ und Na^+. Die Zusammensetzung der extrahierten Komplexe entspricht in allen Fällen der für DBC-18. Es werden 1:1-Komplexe gebildet. Der Übergang von DBC-18 zu DCC-18 führt bei der Extraktion zu einem beträchtlichen Anstieg der Verteilungsverhältnisse, für die zweiwertigen Metallionen allerdings bedeutend stärker (3–4 Größenordnungen) als für die einwertigen (1–2 Größenordnungen) Diese Unterschiede dokumentieren sich auch in den Reihen abgestufter Extrahierbarkeit für beide Kronether. Während für DBC-18 die Reihe $Hg^{2+} > K^+ > Ag^+ > Na^+ > Sr^{2+}$ lautet, findet man für DCC-18 $Hg^{2+} > Sr^{2+} > Ag^+ > K^+ > Na^+$. Diese Änderungen lassen sich nicht allein durch den Zuwachs an Komplexstabilität erklären, der zwar für die einwertigen Metallionen geringer ist, sondern müssen außerdem durch das Verteilungsverhalten des Kronenethers und seiner Metallkomplexe bedingt sein.

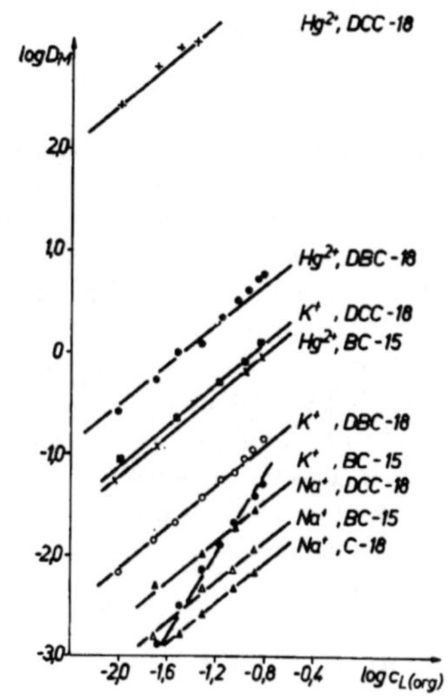

Abb. 4. Extraktion von Hg^{2+}, K^+ und Na^+ mit verschiedenen Kronenethern

$c_{MNO_3} = 2{,}5 \cdot 10^{-2}$ m; $c_{Hg(NO_3)_2} = 5 \cdot 10^{-4}$ m; $c_{(Na,H)NO_3} = 2$ m; $c_L = 1 \cdot 10^{-2} - 1{,}5 \cdot 10^{-1}$ m/$CHCl_3$

Am Beispiel von Na^+ ist in Abb. 4 das Extraktionsverhalten von 18-Krone-6 angegeben. Die Verteilungsverhältnisse liegen höher als für DBC-18 unter analogen Bedingungen. Ähnliche Ergebnisse beobachtet man auch für Hg^{2+} und Sr^{2+}. Damit zeigt sich, daß der Verlust an Komplexstabilität bei Einführung der Benzogruppen an die 18-Krone-6 [14] durch die Zunahme der organophilen Eigenschaften von DBC-18 nicht kompensiert wird. Infolge hoher Wasserlöslichkeit ist 18-Krone-6 allerdings als Extraktionsmittel weniger geeignet.

Beim Übergang von 18-Krone-6 zu 15-Krone-5 wird auf Grund der Verringerung des Duchmessers des Kronenetherhohlraumes (von 280–320 pm auf 180–220 pm) die Extraktion für das kleinere Na^+ erhöht, für die größeren Hg^{2+} und K^+ erniedrigt. Dennoch kommt es, wie Abb. 4 zeigt, nur bei sehr geringen Kronenetherkonzentrationen zu einer höheren Extraktion von Na^+ im Vergleich zu K^+. Bei Erhöhung der Extraktionsmittelkonzentration wird dann K^+ infolge Bildung von 2:1-Komplexen stärker extrahiert, da Na^+ wie auch Hg^{2+} als 1:1-Komplex in der organischen Phase vorliegt. Es ist das ein zweites Beispiel, bei dem sich durch unterschiedliche Komplexzusammensetzung die Selektivität umkehrt. Ganz allgemein sind die Unterschiede in den Verteilungsverhältnissen der Metallionen für BC-15 wesentlich geringer als für DBC-18 oder DCC-18, so daß auch insgesamt die Selektivität geringer ist. Diese Tendenz ergibt sich auch aus der Abstufung der Komplexstabilität [14].

In Abb. 5 ist die Extraktion von Hg^{2+}, K^+, Ag^+ und Na^+ mit Benzo-15-krone-5 und drei substituierten Verbindungen dargestellt. Die unsubstituierte BC-15 weist dabei für alle Metallionen die höchsten Verteilungsverhältnisse auf.

Die mit dem Ziel der Erhöhung der organophilen Eigenschaften dieses Kronenethers synthetisierten alkylierten und acylierten Derivate erbrachten keine Verbesserung der Extraktionsfähigkeit. Während sich eine Alkylierung durch einen tertiären Butylrest nur geringfügig negativ auf die Extraktion auswirkt, zeigt die acylierte HBC-15 eine starke Erniedrigung. Versuche zum Einsatz einer acylierten Benzo-15-krone-5 mit einer Kohlenstoffzahl von 16 in der Seitenkette führten stets zur Ausfällung der gebildeten Metallkomplexe. Die Extraktion mit einer Monoazakrone führt bei den Alkali- und Erdalkalimetallen zu einer starken Erniedrigung der Verteilungsverhältnisse ($D_M \leqq 1 \cdot 10^{-4}$). Aber auch für Hg^{2+} beobachtet man einen deutlichen Abfall im Vergleich zum stickstofffreien Kronenether. Analysiert man in Abb. 5 die Komplexzusammensetzung, dann erhält man für Hg^{2+}, Ag^+ und Na^+ 1:1-Komplexe, für K^+ 2:1-Komplexe.

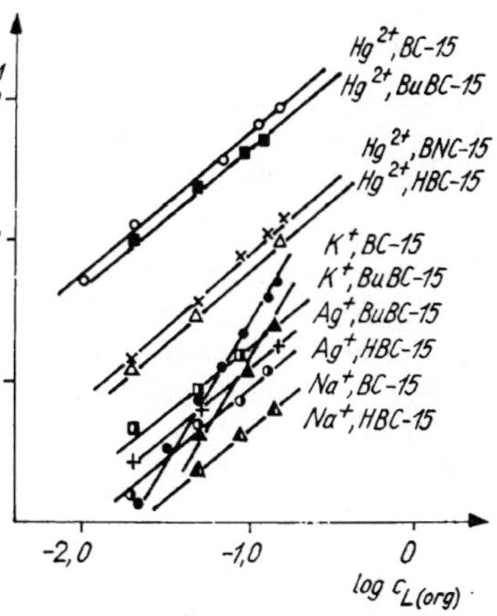

Abb. 5. Extraktionseigenschaften von Benzo-15-krone-5 und substituierten Derivaten

$c_{MNO_3} = 2{,}5 \cdot 10^{-2}$ m; $c_{Hg(NO_3)_2} = 5 \cdot 10^{-4}$ m; $c_{(Na,H)NO_3} = 2$ m; $c_L = 1 \cdot 10^{-2} - 1{,}5 \cdot 10^{-1}$ m/$CHCl_3$

3.3. *Einfluß des Verdünnungsmittels*

Bei allen bisher beschriebenen Untersuchungen wurde Chloroform als Verdünnungsmittel eingesetzt. Chloroform weist von den gebräuchlichen Lösungsmitteln für alle getesteten Kronenether brauchbare Löslichkeitseigenschaften auf. Dieses Löslichkeitsverhalten beruht auf der Tatsache, daß $CHCl_3$ als schwacher Wasserstoffbrückendonator mit den Sauerstoffatomen des Kronenethers in Wechselwirkung tritt. In Abb. 6 ist der Einfluß des Verdünnungsmittels am Beispiel von Nitrobenzen, Dichlorethan, $CHCl_3$ und Benzen auf die Extraktion von Rb^+ und K^+ mit DCC-18, DBC-18 und BC-15 dargestellt. Es zeigt sich, daß die Geraden im $\log D_M - \log c_L$-Diagramm mit zunehmender Polarität der Verdünnungsmittel nach links verschoben sind. Stark polare Verdünnungsmittel erhöhen die Extraktion. Sie bewirken zwar auf der einen Seite eine Dissoziation der in der organischen Phase vorliegenden Ionenpaare, was ein Absinken der Extraktion nach sich zieht; auf der anderen Seite wird aber die Solvatation des Anions entscheidend verbessert, so daß insgesamt eine Extraktionssteigerung resultiert. Setzt man CCl_4 oder n-Hexan als Verdünnungsmittel ein, so sinken die Verteilungsverhältnisse im Vergleich zu Benzen noch bedeutend ab. Beispielsweise betragen sie für die Extraktion von K^+ und Rb^+ mit Benzo-15-krone-5 $\leqq 5 \cdot 10^{-4}$. Positiv im Sinne einer Extraktionssteigerung wirkt sich bei den Alkalimetallen der Zusatz von n-Caprylsäure (HR)/,VIK-1 (in α-Stellung tertiär alkylsubstituierte

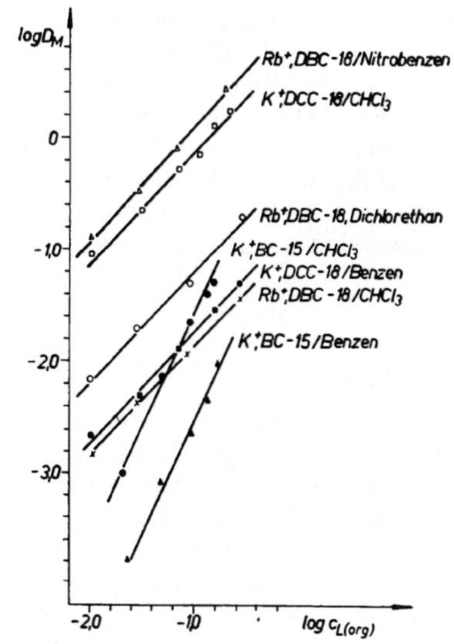

Abb. 6. Extraktion von K^+ und Rb^+ mit DCC-18, DBC-18 sowie BC-15 in verschiedenen Verdünnungsmitteln

$c_{MNO_3} = 2{,}5 \cdot 10^{-2}$ m; $c_{HNO_3} = 2$ m; $c_L = 1 \cdot 10^{-2} - 1{,}5 \cdot 10^{-1}$ m

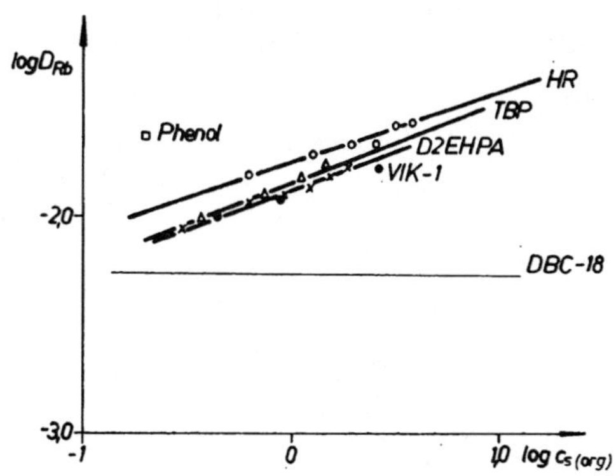

Abb. 7. Extraktion von Rb^+ mit DBC-18 in Anwesenheit verschiedener Zusätze

$c_{RbNO_3} = 2{,}5 \cdot 10^{-2}$ m; $c_{HNO_3} = 2$ m; $c_L = 6 \cdot 10^{-2}$ m; $c_S = 3 \cdot 10^{-1} - 3$ m

Monocarbonsäure), p-tert.-Butylphenol, Di(2-ethylhexyl)-phosphorsäure (D2EHPA) oder Tri-n-butylphosphat (TBP) aus. Wie Abb. 7 am Beispiel der Extraktion von $RbNO_3$ mit DBC-18 in $CHCl_3$ unter Zusatz der genannten Verbindungen zeigt, steigen die Verteilungsverhältnisse für Rb^+ mit wachsender Konzentration dieser Stoffe an. Die höchsten Verteilungsverhältnisse werden für p-tert.-Butylphenol erhalten. Die Bedingungen sind dabei so gewählt, daß die zugegebenen Verbindungen selbst Rb^+ nicht extrahieren. IR-spektroskopische Untersuchungen an Lösungen von p-tert.-Butylphenol und DBC-18 in $CHCl_3$ zeigen, daß eine Wechselwirkung zwischen dem Phenol und dem Kronenether auftritt. Die Intensität der freien OH-Valenzschwingungbande des Phenols bei 3627 cm^{-1} sinkt bei Erhöhung der Konzentration an DBC-18 stark ab, während die Intensität der Assoziatbande bei niederen Wellenzahlen anwächst. Trotz dieser relativ starken Wechselwirkungen wird im Gegensatz zu vielen anderen Extraktionssystemen die Extraktion erhöht. Das bedeutet aber, daß sich die Wechselwirkungsmöglichkeiten sowohl des Phenols als auch der anderen untersuchten Verbindungen nicht nur auf den Kronenether beschränken. Infolge der Ausbildung von Wasserstoffbrückenbindungen zum Anion des in der organischen Phase vorliegenden Ionenpaares wird dessen Solvatation verbessert und damit die Extraktion erhöht. Ähnliche Ergebnisse wie für $RbNO_3$ erhält man auch bei der Extraktion von KCl und CsCl. In diesem Zusammenhang ist interessant, daß die Verteilungsverhältnisse für Ag^+ und Hg^{2+} unter vergleichbaren Bedingungen in Anwesenheit von organischen Säuren oder Phenolen erniedrigt werden. Möglicherweise sind strukturelle Unterschiede zwischen den Alkalimetall- und den Übergangsmetallkomplexen für dieses Ergebnis verantwortlich.

3.4. *Einfluß des Anions*

Neben der direkten Abhängigkeit des Verteilungsverhältnisses D_M von der Anionenkonzentration besitzt die Natur des extrahierten Anions einen entscheidenden Einfluß auf die Extraktion. Das in die organische Phase übergehende Anion muß zunächst in wäßriger Lösung dehydratisiert werden. Dabei sind gering hydratisierte, hydrophobe Anionen begünstigt, während stark hydratisierte, hydrophile Anionen, wie Sulfat, Chlorid oder Nitrat ,die Extraktion erschweren. Diese Einschätzung wird durch die durchgeführten Untersuchungen bestätigt, die in Abb. 8 dargestellt sind. Es ergibt sich eine abnehmende Extraktion entsprechend der Abstufung der Hydrationsenergien beim Übergang von Rhodanid zu Nitrat und Chlorid.

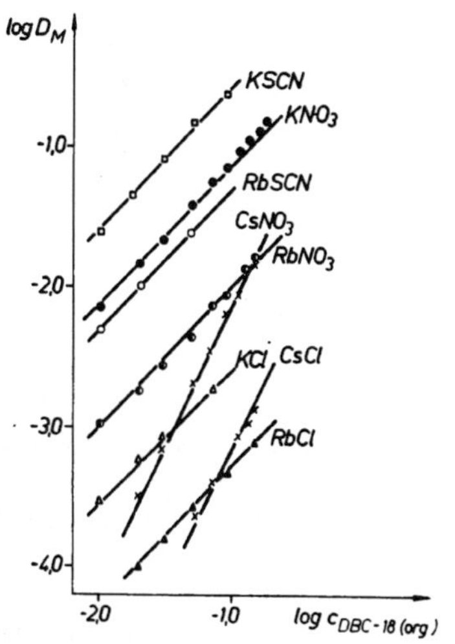

Abb. 8. Anioneneinfluß auf die Extraktion von K^+, Rb^+ und Cs^+ mit DBC-18

$c_{MA} = 2{,}5 \cdot 10^{-2}$ m; $c_{(Na,H)A} = 2$ m; $c_L = 1{,}5 \cdot 10^{-1}$ m/$CHCl_3$

3.5. *Extraktion metallhaltiger Anionen*

Die Tatsache, daß bei der Extraktion mit Kronenethern Ionenpaare in die organische Phase übergeführt werden, gestattet noch eine zweite Möglichkeit der Metallabtrennung, die unabhängig vom Radius des Metallions ist. Metallionen, die stabile Anionenkomplexe bilden, können in dieser Form als Gegenion zu einem vorgegebenen Kronenether-Metall-Komplex extrahiert werden. In Abb. 9 ist die Extraktion von Gold aus chloridhaltiger Lösung mit DBC-18 in Abhängigkeit von der Kronenetherkonzentration dargestellt. Deutliche Unterschiede ergeben sich bei Einsatz von K^+ und Li^+ als komplexbildende Kationen. Das entspricht den großen Unterschieden im Extraktionsverhalten dieser Metallionen mit DBC-18 und bestätigt, daß das Gold als $AuCl_4$-Anion extrahiert wird. Die hohen Verteilungsverhältnisse für Gold zeigen, daß $AuCl_4$ als großes, gering hydratisiertes Anion bevorzugt in die organische Phase übergeht. Das bestätigen auch die Verteilungsverhält-

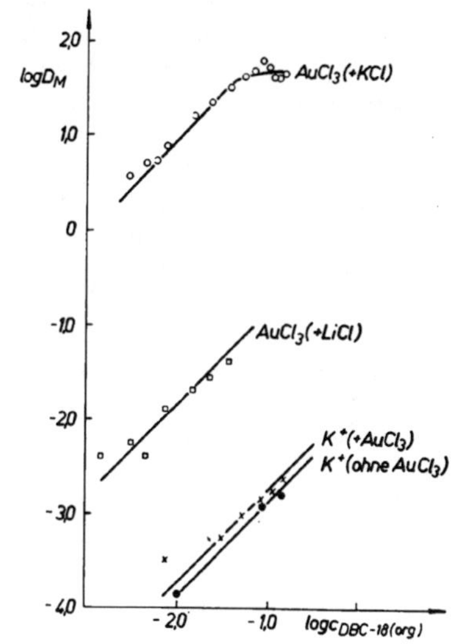

Abb. 9. Extraktion von $AuCl_4^-$ in Anwesenheit von KCl bzw. LiCl sowie Extraktion von K^+ mit und ohne $AuCl_3$ durch DBC-18

$c_{AuCl_3} = 1 \cdot 10^{-4}$ m; $c_{(Li,K)Cl} = 1$ m; $c_{DBC-18} = 1{,}5 \cdot 10^{-3} - 1{,}5 \times 10^{-1}$ m/$CHCl_3$

nisse für K^+, die in Anwesenheit von $AuCl_3$ ansteigen. Aus dem Anstieg der Kurven für Gold und Kalium in Abb. 9 ergibt sich eine Komplexzusammensetzung von Metall (K, Au):DBC-18 = 1:1. Für $FeCl_4^-$ ist ein ähnliches Extraktionsverhalten charakterisitisch, wenn auch infolge der unterschiedlichen Natur der Anionen geringere Verteilungsverhältnisse erhalten werden.

4. Zusammenfassung und Ausblick

Die im Rahmen dieser Arbeit durchgeführten Untersuchungen zu den Extraktionseigenschaften makrocyclischer Polyether zeigen, daß diese Verbindungsklasse vorteilhaft zur Extraktion eingesetzt werden kann. Es deuten sich eine ganze Reihe von Trennmöglichkeiten an, die in unterschiedlicher Richtung modifiziert werden können. So ergeben sich Einflußmöglichkeiten durch die Ringgröße und damit durch die Anzahl der Sauerstoffatome des Kronenethers, durch die Substitution am Ring, durch Art und Anzahl von Heteroatomen, durch das Verdünnungsmittel sowie durch die Wahl des Anions. Von den getesteten 8 Verbindungen weisen insbesondere Dicyclohexo-18-krone-6 und Benzo-15-krone-5 sowohl gute physikalische Eigenschaften als auch eine hohe Trennselektivität auf. Die Reihen abgestufter Extrahierbarkeit der Metallionen korrelieren weitgehend mit dem Gang der Komplexstabilitätskonstanten. Außerdem spielen aber das Verteilungsverhalten sowohl der Ether als auch der Metallkomplexe sowie spezielle Besonderheiten und Unterschiede der Metallionen eine Rolle. So erhält man für DBC-18 die Reihe $Hg^{2+} > K^+ > Tl^+ > Ag^+ > Rb^+ > Cs^+ > Na^+ > Sr^{2+}$, für DCC-18 aber $Hg^{2+} > Sr^{2+} > Ag^+ > K^+ > Na^+$. Die Komplexzusammensetzung in der organischen Phase ist für diese Kronenether mit Ausnahme von Cs^+ zu MLA_n bestimmt worden. Für Cs^+ konnte ein 2:1-Komplex der Form CsL_2A nachgewiesen werden. Die Möglichkeit der Bildung derartiger Komplexe beeinflußt zwar die Trennselektivität, aber bei Kenntnis des Extraktionssystems lassen sich stets experimentelle Bedingungen finden, die eine Trennung gestatten. Beim Übergang von 18-Krone-6 zu 15-Krone-5 nimmt die Tendenz zur Extraktion kleinerer Metallionen zu. Allerdings wird Na^+ nur bei geringen Kronenetherkonzentrationen gegenüber K^+ bevorzugt extrahiert, da K^+ 2:1-Komplexe bildet. Ganz allgemein sind die Unterschiede in der Extrahierbarkeit zwischen verschiedenen Metallionen für 15-Krone-5 geringer als für 18-Krone-6.

Von großer Bedeutung für die Extraktion ist die Wahl des Anions, da es als Gegenion zum Kronenetherkomplex in die organische Phase überführt werden muß. Die Untersuchungen zeigen, daß zur Wasserstoffbrückenbindung befähigte Lösungsmittel die Extraktion auch stark hydrophiler Anionen begünstigen. Beispielsweise fördern als kationenaustauschende Extraktionsmittel bekannte Verbindungen, wie Monocarbonsäuren, Di(2-ethylhexyl)phosphorsäure oder Alkylphenole, die Extraktion. Da bei der Extraktion mit Kronenethern Ionenpaare gebildet werden, ergibt sich eine zweite Möglichkeit der Metallabtrennung. Metallhaltige Anionenkomplexe können nämlich als Gegenion zu einem vorgegebenen Kronenether-Metallkomplex extrahiert werden. Der Einsatz von Kronenethern zur Extraktion mag im Moment für größere Maßstäbe wenig aussichtsreich erscheinen, da die Herstellung derartiger Verbindungen sehr aufwendig und teuer ist. Aber diese Verbindungen besitzen auf Grund der Steuerung ihrer sterischen Anpassung und der Komplexierung auch von Alkali- und Erdalkalimetallionen großes Interesse. Wie erste Versuche zeigen, sind zum Teil auch bereits Zusätze an Kronenethern zu anderen Extraktionssystemen in der diskutierten Weise wirksam. Dann ist aber der Reagenzbedarf weit geringer. Außerdem sind gerade in letzter Zeit eine Reihe strukturanaloger offener Polyether synthetisiert worden, die wesentlich billiger sind und über vergleichbare Extraktionseigenschaften verfügen [51, 52].

Eingegangen am 19. 8. 1981

Literatur

[1] *C. J. Pedersen*, J. Amer. Chem. Soc. **89** (1967) 2495 u. 7017
[2] *C. J. Pedersen, H. K. Frensdorff*, Angew. Chem. **84** (1972) 16
[3] *J.-M. Lehn*, Struct. Bonding **16** (1973) 1
[4] *M. R. Truter*, wie [3], S. 71
[5] *R. M. Izatt, D. J. Eatough, J. J. Christensen*, wie [3], S. 161
[6] *J. J. Christensen, D. J. Eatough, R. M. Izatt*, Chem. Rev. **74** (1974) 351
[7] *F. Vögtle, E. Weber*, Kontakte (Merck) **1977**, H. 1, 11
[8] *F. Vögtle, E. Weber*, Kontakte (Merck) **1977**, H. 2, 16
[9] *E. Weber, F. Vögtle*, Kontakte (Merck) **1977**, H. 3, 36
[10] *E. Weber, F. Vögtle*, Kontakte (Merck) **1978**, H. 2, 16
[11] *I. M. Kolthoff*, Anal. Chem. **51** (1979) 1R
[12] Synthetic multidentate macrocyclic compounds. *R. M. Izatt, J. J. Christensen*, Ed., New York: Academic Press 1978
[13] Progress in macrocyclic chemistry. *R. M. Izatt, J. J. Christensen*, Ed., New York: 1979 Wiley-Interscience
[14] Chemistry of macrocyclic compounds. *G. E. Melson*, Ed., New York: Plenum Press 1979
[15] *P. Mühl, K. Gloe*, Proc. V. Int. Symp. High Purity Materials in Science and Technology, Dresden 1980, S. 202
[16] *P. Mühl, K. Gloe*, Mitt.-Bl. Chem. Ges. DDR **27** (1980) 153
[17] *I. L. Jenkins*, Hydrometallurgy **4** (1979) 1
[18] *J. Rais, P. Selucky*, Radiochem. Radioanalyt. Letters **6** (1971) 257
[19] *H. K. Frensdorff*, J. Am. Chem. Soc. **93** (1971) 4684
[20] *J. Rais, M. Kyrs, L. Kadlekova*, Proc. Int. Solv. Extr. Conf., Lyon 1974, Vol. 2, 1705
[21] *P. R. Danesi, M. Meider-Gorican, R. Chiarizia, V. Capuano, G. Scibona*, Proc. Int. Solv. Extr. Conf., Lyon 1974 Vol. **2**, 1761
[22] *P. R. Danesi, M. Meider-Gorican, R. Chiarizia, G. Scibona*, J. inorg. nucl. Chem. **37** (1975) 1479
[23] *L. Tusek. P. R. Danesi, R. Chiarizia*, J. inorg. nucl. Chem. **37** (1975) 1538
[24] *A. Sadakane, T. Iwachido, K. Toei*, Bull. Chem. Soc. Jap. **48** (1975) 60
[25] *J. W. Mitchell, D. L. Shanks*, Anal. Chem. **47** (1975) 642
[26] *T. Kimura, K. Iwashima, T. Ishimori, M. Hamaguchi*, Chem. Lett. Jap. **1977**, 563
[27] *M. Tagagi, H. Nakamura, K. Ueno*, Anal. Lett. **10** (1977) 1115
[28] *T. Sekine, H. Wakabayashi, Y. Hasegawa*, Bull. Chem. Soc. Jap. **51** (1978) 645
[29] *V. V. Jakshin, E. A. Filippov, V. A. Belov, G. G. Arkhipova, V. M. Abashkin, B. N. Laskorin*, Doklady **241** (1978) 159
[30] *T. Iwachido, A. Sadakane, K. Toei*, Bull. Chem. Soc. Jap. **51** (1978) 629
[31] *M. Jawaid, F. Ingmann*, Talanta **25** (1978) 91
[32] *T. Sekine, K. Shioda, Y. Hasegawa*, J. inorg. nucl. Chem. **41** (1979) 571
[33] *Y. Takeda, H. Kato*, Bull. Chem. Soc. Jap. **52** (1979) 1027
[34] *Y. Takeda, H. Goto*, Bull. Chem. Soc. Jap. **52** (1979) 1920
[35] *Y. Takeda*, Bull. Chem. Soc. Jap. **52** (1979) 2501
[36] *Y. Takeda, K. Oshio, Y. Segawa*, Chem. Lett. Jap. **1979**, 601
[37] *Y. Takeda, F. Takahashi*, Bull. Chem. Soc. Jap. **52** (1980) 1167
[38] *Y. Takeda*, Bull. Chem. Soc. Jap. **53** (1980) 2393
[39] *A. V. Bogatskij, N. G. Lukianenko, M. U. Mamina, V. A. Shapkin, D. Taubert*, Doklady **250** (1980) 1389
[40] *I. V. Pjatnitzkij, A. Ju. Nasarenko*, Z. neorg. Chim. **25** (1980) 1064
[41] *W. J. McDowell, R. R. Shoun*, Proc. Int. Solv. Extr. Conf., Toronto 1977, CIM Spezial Volume **21** (1979) 95
[42] *L. E. Asher, Y. Marcus*, Proc. Int. Solv. Extr. Conf., Toronto 1977, CIM Spezial Volume **21** (1979) 130
[43] *Y. Marcus, E. Asher*, J. phys. Chem. **82** (1978) 1246
[44] *K. Gloe, A. I. Kholkin, P. Mühl, L. M. Gindin, A. G. Kmelnickij, E. G. Lubenec*, Z. Chem. **19** (1979) 382
[45] *A. I. Kholkin, K. Gloe, P. Mühl, L. M. Gindin, A. G. Kmelnickij, E. G. Lubenec*, Wiss. Berichte ZFW Dresden **17** (1979) 279
[46] *I. H. Gerov, M. W. Davis*, Sep. Sci. Technol. **14** (1979) 395
[47] *W. F. Kinard, W. J. McDowell, R. R. Shoun*, Sep. Sci. Technol. **15** (1980) 1013
[48] *W. J. McDowell, W. F. Kinard, R. R. Shoun*, Proc. ISEC Liege 1980, paper 80 – 6
[49] *K. Gloe. P. Mühl*, Isotopenpraxis **15** (1979) 236
[50] *E. Shchori, N. Nae, J. Jagur-Grodzinski*, J. Chem. Soc. Dalton Trans. **1975**, 2381
[51] *F. Vögtle, E. Weber*, Angew. Chem. **91** (1979) 813
[52] eigene unveröff. Ergebnisse

Thermodynamische Isotopieeffekte in Silikaten

Teil II. Berechnung von Isotopenaustauschgleichgewichten für geologisch interessante Systeme

G. Christoph

(Zentralinstitut für Isotopen- und Strahlenforschung der Akademie der Wissenschaften der DDR, Leipzig)[1])

Die Annahmen und Näherungen des Teils I [1] wurden auf der Grundlage quantenchemischer MNDO-Rechnungen von Hanschmann [2] für einfache Silikatstrukturen getestet. Die Ergebnisse werden zur Interpretation von $\delta^{18}O$- und $\delta^{30}Si$-Werten in geologischen Systemen verwendet.

Keywords

aluminium silicates; equilibrium; geology; isotope effects; isotopic exchange; theory; thermodynamics

1. Einleitung

Die im Teil I der Arbeit [1] dargelegte Methodik, thermodynamische Isotopieeffekte einer ganzen Klasse von chemischen Verbindungen über näherungsweise unabhängige Untersysteme (Inkremente) zu beschreiben, ergab sich aus der Aufgabe, die experimentellen δ^*X-Werte durch einfache Relationen wiederzugeben. Dabei zeigte sich, daß große Untersysteme zu komplizierten, unpraktischen, aber genauen Relationen über den Gang der Isotopieeffekte führen, kleinere Untersysteme jedoch die gewünschten einfachen Beziehungen liefern, von denen man aber erwarten muß, daß sie u. U. die gewünschten Genauigkeitsansprüche nicht erfüllen.

In Abhängigkeit von der konkreten Zielstellung wird man deshalb bei der Wahl der Inkremente einen Kompromiß eingehen müssen, in dem sowohl die experimentellen Randbedingungen (Meßgenauigkeit und Reproduzierbarkeit) als auch die theoretischen Möglichkeiten (Berechnung der Zustandssummenverhältnisse und Gültigkeit der Näherungen) berücksichtigt werden müssen.

Im vorliegenden Teil II soll demonstriert werden, wie sich diese Einflußgrößen im Falle der Silikate auswirken und welche Aspekte der Beziehung Theorie – Experiment weiter zu untersuchen sind.

Wir gehen dabei von den speziellen Voraussetzungen des Teils I bezüglich der $^{18}O/^{16}O$- und der $^{30}Si/^{28}Si$-Isotopieeffekte in Silikaten aus, überprüfen diese Annahmen am Beispiel konkreter Molekülstrukturen und wenden die Ergebnisse schließlich auf geologische Fragestellungen an.

2. Berechnung der Inkremente für $^{18}O/^{16}O$- und $^{30}Si/^{28}Si$-Isotopieeffekte in Silikaten

Die einzigen im Teil I nicht berechneten Größen waren die β-Faktoren für Einfachsubstitution bzw. die Inkremente G_i als Funktion der Temperatur T.

Zur näherungsweisen Bestimmung von einigen dieser gesuchten β-Faktoren sollen im folgenden die Ergebnisse von *Hanschmann* [2] verwendet werden, der über die semiempirische quantenchemische MNDO-Methode Schwingungsfrequenzen und damit reduzierte Zustandssummenverhältnisse für einfache Silikatstrukturen berechnet hat. In harmonischer Näherung liegen danach (ideale Gase vorausgesetzt) reduzierte Zustandssummenverhältnisse der Strukturen H_4SiO_4, SiO_4^{4-}, $Si_2O_7^{6-}$ für Ein- und Mehrfachsubstitution bezüglich D/H, $^{18}O/^{16}O$, $^{30}Si/^{28}Si$ vor.

Temperaturabhängigkeiten der β-Faktoren

In Abb. 1 sind die berechneten reduzierten Zustandssummenverhältnisse β für die einfache Isotopensubstitution nur eines Elementes (O oder Si) in Abhängigkeit von der Temperatur über $1/T^2$ aufgetragen. Aus der Abbildung ist zu ersehen:

– Es gilt $\beta - 1 \ll 1$ für nicht zu tiefe Temperaturen, d.h., es ist die Forderung (7), Teil I, erfüllt.

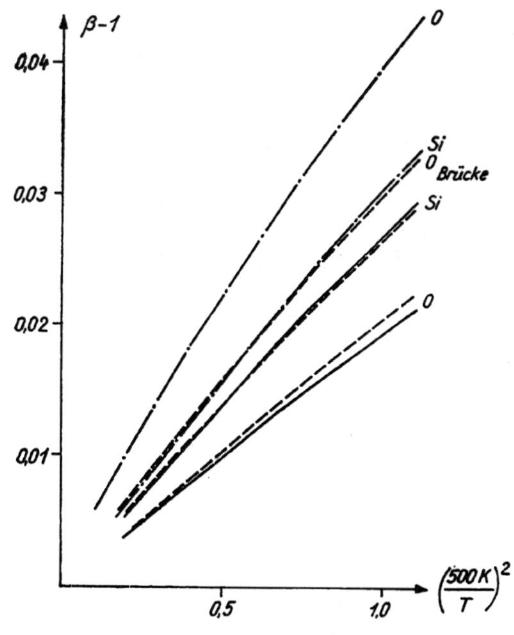

Abb. 1. Temperaturabhängigkeit der reduzierten Zustandssummenverhältnisse $\beta = \frac{\sigma_2}{\sigma_1} f\left(\frac{\text{schweres Molekül (anion)}}{\text{leichtes Molekül (anion)}}\right)$ für einfache Isotopensubstitutionen
$^{18}O/^{16}O$ oder $^{30}Si/^{28}Si$ an ·—·—· Orthokieselsäure $Si(OH)_4$; ——— Orthokieselsäureanion $Si(O^-)_4$; – – – Diorthokieselsäureanion $(SiO_3^-)O(SiO_3^-)$

[1]) Anschrift: 7050 Leipzig, Permoserstr. 15

- Es gilt $\beta - 1 = a/T + b/T^2$ für einen größeren Temperaturbereich, d. h., es ist die Relation (6), Teil I, erfüllt.
- Es gilt $\beta - 1 = c/T^2$ für sehr hohe Temperaturen mit $c > 0$ für Substitution durch ein schweres Isotop, d. h., es ist Gl. (5), Teil I, erfüllt.

Damit sind alle Voraussetzungen für die Gültigkeit der grundlegenden Formel (9), Teil I, gewährleistet. Die β-Faktoren für Isotopensubstitution von sowohl ^{18}O als auch ^{30}Si bzw. anderer Isotope zeigen das gleiche Verhalten.

Die zu erwartenden Aussagen sind in ihrer Genauigkeit jedoch an den speziell interessierenden Temperaturbereich geknüpft. Für Alumosilikate liegen die tiefsten Erstarrungstemperaturen (Einfrieren des Austauschgleichgewichtes) bei etwa 500 °C, d. h., wir haben es maximal mit Werten von $\left(\frac{500\,K}{T}\right)^2 \approx \frac{1}{2}$ zu tun. Nach Abb. 1 ist damit für alle $\left(\frac{500\,K}{T}\right)^2 \leqq \frac{1}{2}$, d. h. $T \geqq 707{,}11$ K in sehr guter Näherung das lineare Verhalten von $\beta - 1$ über $\frac{1}{T^2}$ gesichert.

Geht man von den bei $T = 707{,}11$ K berechneten β-Faktoren aus, so gilt also für die uns interessierenden Temperaturen

$$\beta(T) - 1 = \left(\frac{707{,}11\,K}{T}\right)^2 \left(\beta(707{,}11\,K) - 1\right) \quad (1)$$

Genauigkeiten der Inkremente

Im Teil I wurde formuliert: Die Reduzierung der β-Faktoren (d. h. die angenommene Beeinflussung der Inkremente durch die Liganden bei Nichtberücksichtigung der Liganden der weiteren Koordinationssphären) führt zu einer Vergröberung der Aussagen. Diese These wurde über die von *Hanschmann* berechneten Zustandssummenverhältnisse für verschiedenste Isotopensubstitutionen an den drei Strukturen überprüft.

Dabei zeigte sich:

- Die Nichtberücksichtigung aller Liganden der 1. Koordinationssphäre kann bei der Bestimmung der Inkremente zu einem Fehler bis zu 100% führen (in Abhängigkeit von der Bindungsstärke zu diesem Liganden).
- Die Berücksichtigung aller Liganden der 1. Koordinationssphäre gestattet es, die Inkremente bis auf etwa 10% genau zu bestimmen.
- Eine Berücksichtigung aller Atome der 2. Koordinationssphäre zeigt noch Unsicherheiten von 1 bis 2% in $\beta - 1$.

Bei der Berechnung der Inkremente (sowohl der Gruppen- als auch der Bindungsinkremente) aus den reduzierten Zustandssummen wurden neben diesen Einflüssen auch verschiedene Mittelungsverfahren berücksichtigt. Im Rahmen der Festlegungen und Näherungen des Teils I erhält man dann aus den drei Strukturen auf der Grundlage der MNDO-Rechnungen die gesuchten Inkremente β_{ij} und γ_{4i} der Tab. 1 für 707,11 K mit den zugehörigen Unsicherheiten.

Die Temperaturabhängigkeit der Inkremente für andere Temperaturen ergibt sich aus Gl. (1). In dem interessierenden Temperaturbereich $T > 707{,}11$ K stellen die Inkremente der Tab. 1 zusammen mit Gl. (1) gleichzeitig die zu erwartenden Maximalwerte dar, d. h., bei den drei Strukturen liegt der maximale Wert von $\beta - 1$ für Einfachsubstitution bei etwa 0,02. Die vorausgesetzte Entwicklung der Gl. (3), Teil I, bis zur Größe 1. Ordnung vernachlässigt die Größen 2. Ordnung, d. h., es muß in Gl. (9), Teil I, mit maximalen Fehlern bei δ^*X von $\pm (0{,}02)^2$, d. h. 0,4‰ pro Inkrement gerechnet werden. Bei höheren Temperaturen wird dieser Fehler geringer. Bei der Verwendung mehrerer Inkremente in den allgemeinen Relationen können sich für nicht zu hohe Temperaturen somit erhebliche Fehler summieren.

Tab. 1. Inkrement $\beta - 1$ für $T = 707{,}11$ K

Struktur	$\beta(707{,}11\text{ K}) - 1$	Fehler
$\beta_{Si\,H}$	0,0229	2%
$\beta_{Si\,Si}$	0,0157	4% geschätzt
β_{Si}	0,0104	4%
γ_{4H}	0,01526	
γ_{4-}	0,01400	1% geschätzt
γ_{4Si}	0,01377	4% geschätzt

3. Geologische Aspekte

Die bisherige Diskussion bezog sich auf die β-Faktoren der Gasphase. In den Mineralen gibt es jedoch nicht mehr die homöpolare Bindung des Wasserstoffs der Y-Kieselsäuren, sondern nur die heteropolare Ionenbindung der Kationen an die hauptsächlich interessierenden Anion-Gerüststrukturen. Das kann wesentliche Folgen haben.

Der $^{18}O/^{16}O$-Isotopieeffekt

Setzt man die quantenchemischen Rechnungen als richtig voraus, so gilt nach Tab. 1

$$\beta_{Si\,Si} - \beta_{Si} > 0 \quad (2)$$

jedoch

$$\beta_{Si\,Si} - \beta_{Si\,H} < 0 \quad (3)$$

Die Beziehung (3) steht formal im Widerspruch zur angenommenen Ungleichung (17), Teil I, bezieht sich jedoch auf die homöopolaren Kieselsäuren in der Gasphase. Bei den geologisch interessierenden Gebilden, den Anionen, gilt bei vernachlässigter Ionenbindung, wie bereits im Teil I diskutiert,

$$\beta_{Si\,H} \rightarrow \beta_{Si} \quad (4)$$

In diesem Falle geht Ungleichung (3) in Ungleichung (2) über, und alle Aussagen in bezug auf das Anwachsen des $\delta^{18}O$-Wertes mit steigendem Vernetzungsgrad der Silikate [1, 4] bleiben erhalten. Die vernachlässigte Ionenbindung zur näherungsweisen Beschreibung der Isotopieeffekte in Mineralen wirkt sich in den Formeln des Teils I nur in der Weise aus, daß man bei den entsprechenden Inkrementen den Index H wegzulassen oder durch die am Sauerstoff verbleibende negative Ladung – zu ersetzen hat. In diesem Sinne wären auch in der chemischen Benennung jeweils in Wortverbindungen „säure“ durch „säureanion“ zu ersetzen.

In Abb. 3, Teil I, ist der Anstieg der *Garlick*schen Geraden an $K(T) = 10$‰ für die plutonischen „igneous grade“ -Alumosilikate angegeben. Nach Gl. (22), Teil I, und Gl. (1) sowie Tab. 1 folgt allgemein:

$$K(T) = \beta_{Si\,Si} - 1 = \left(\frac{707{,}11\,K}{T}\right)^2 (0{,}0157 \pm 0{,}0006) \quad (5$$

Dem Wert $K(T) = 10\,‰$ entspricht dabei die Temperatur $T = (614 \pm 18)$ °C als Temperatur für das eingefrorene Isotopenaustauschgleichgewicht. *Garlick* [3] ordnet diesen Mineralen einen experimentellen Wert von etwa $T = 600$ °C zu.

Für die entsprechende vulkanische Abfolge ergibt sich (allerdings aus nur 3 Punkten berechnet!) näherungsweise $K(T) = (4 \pm 0{,}5)\,‰$, was zu $T \approx 1120$ °C führt. Für andere bei *Garlick* angegebene metamorphe Gesteine liegen die Temperaturen zwischen 489 °C und 614 °C mit einem Fehler von ± 20 °C.

Der $^{30}Si/^{28}Si$-Isotopieeffekt

Auch hier wollen wir die Verhältnisse im Gas nicht betrachten, sondern von vornherein in den Beziehungen des Teils I den Index H weglassen, so daß statt Gl. (36), Teil I, d. h. $4K'(T) = \gamma_{4\mathrm{Si}} - \gamma_{4\mathrm{H}}$, die entsprechende Form für das Anion untersucht werden muß:

$$4K'(T) = \gamma_{4\mathrm{Si}} - \gamma_{4-} \qquad (6)$$

Einsetzen der berechneten β-Faktoren der Tab. 1 liefert dann

$$4K'(T) = \left(\frac{707{,}11\,K}{T}\right)^2 (-0{,}00023 \pm 0{,}00069) \qquad (7)$$

Danach ist der Isotopieeffekt im Verhältnis zum Sauerstoffisotopieeffekt sehr klein und das Vorzeichen unklar:

$$-0{,}9\left(\frac{707{,}11\,K}{T}\right)^2 ‰ \leqq 4K'(T) \leqq +0{,}5 \times \left(\frac{707{,}11\,K}{T}\right)^2 ‰ \qquad (8)$$

Die von Wetzel [4] angegebenen experimentellen Werte, die aus mehreren Mittelwerten und wenigen Mineralen erhalten wurden, betragen

$$4K'(T) = \begin{cases} +\,0{,}85\,‰ \text{ für terrestrische Gesteine,} \\ +\,0{,}053\,‰ \text{ für lunare Gesteine.} \end{cases} \qquad (9)$$

Ordnen wir beiden Gesteinen eine mittlere Temperatur zu, so müßten sich aus dem $1/T^2$-Gesetz die mittleren absoluten Erstarrungstemperaturen der lunaren und terrestrischen Gesteine um einen Faktor $\sqrt{\frac{0{,}85}{0{,}053}} \approx 4{,}0$ unterscheiden. Bei einer tiefstmöglichen terrestrischen Erstarrungstemperatur von 500 °C wären danach die minimalen lunaren Erstarrungstemperaturen oberhalb von 2820 °C zu erwarten, was auch nicht einmal näherungsweise der Fall ist. Es muß deshalb angenommen werden, daß wenigstens eine der beiden Gleichungen (9) nicht signifikant richtig ist.

Die Größen (9) sind über Mittelwerte zustande gekommen. Nehmen wir realistische Meßungenauigkeiten von $\pm 0{,}2\,‰$ oder $\pm 0{,}3\,‰$ an, so wären innerhalb der Meßgenauigkeit auch die Werte von Tab. 2 möglich.

Tab. 2. Einfluß der Meßgenauigkeit auf die Bestimmung der Gleichgewichtstemperatur

Meßgenauigkeit	terrestrische Gesteine $4K'(T)$	lunare Gesteine $4K'(T)$	Quotient der mittleren Erstarrungstemperaturen	mittlere lunare Erstarrungstemperatur °C
$\pm 0{,}2\,‰$	0,60	0,22	1,65	1110
$\pm 0{,}3\,‰$	0,52	0,28	1,36	780

Die unter Annahme einer minimalen terrestrischen Erstarrungstemperatur von 500 °C berechneten minimalen mittleren lunaren Erstarrungstemperaturen von 1110 °C und 780 °C sind erheblich realistischer. Die zugehörigen Werte $4K'(T)$ wären in diesem Falle auch mit der Ungleichung (8) besser verträglich.

4. Schlußfolgerungen

Aus dem diskutierten Sachverhalt ergibt sich, daß die erwarteten Fehler, die sich durch

- die Linearisierung
- die Meßgenauigkeit
- die Bestimmung der Inkremente

ergeben, alle von gleicher Größenordnung sind.

Für eine prinzipielle Verfeinerung der Theorie und einen vernünftigen Vergleich mit dem Experiment ergeben sich daraus folgende Notwendigkeiten:

- Erweiterung der Theorie bis zu Termen zweiter Ordnung
- Analyse der experimentellen Daten in bezug auf ihre Signifikanz; Fehleruntersuchungen
- genauere Bestimmung der Inkremente durch die Untersuchung größerer Silikatstrukturen.

Diese Aspekte wären nötig zur Verbesserung der relativen Aussagen über den Verlauf der thermodynamischen Isotopieeffekte. Die absoluten Aussagen sind mehr an die konkrete geologische Struktur geknüpft. Aus geologischer Sicht wäre es deshalb wünschenswert, von den Rechnungen der Gasphase abzugehen und Molekülkristallmodelle der festen Phase zu untersuchen.

Eingegangen am 21. 5. 1981

Literatur

[1] *G. Christoph*, Isotopenpraxis 18 (1982) 133
[2] *G. Hanschmann*, Isotopenpraxis, im Druck
[3] *G. O. Garlick*, Earth and planetary science letters 1 (1966) 361
[4] *K. Wetzel*, ZfI-Mitteilungen 29 (1980) 13

Determination of the Nuclear Fuel Burning Process Balance by Gamma Spectrometry of Fission Products

Part II. Determination of the Plutonium Isotopic Composition and Content by Measuring Activities of ^{137}Cs, ^{134}Cs and ^{106}Ru

V. Bulovič, J. Krtil [1]), *F. Sus* [1]), *Z. Maksimovič, E. Klosová* [1])

(Boris Kidrič Institute of Nuclear Sciences, Vinča — Belgrade, Yugoslavia; [1]) Nuclear Research Institute, Řež, Czechoslovakia)

The procedure for the determination of the plutonium isotopic composition and content in irradiated uranium fuel of a heavy water nuclear reactor by measuring ^{137}Cs, ^{134}Cs and ^{106}Ru activities has been experimentally tested. The testing was performed on an irradiated fuel from the First Czechoslovak Nuclear Power Plant A1. The accuracy of the obtained results was determined by comparison with the results of mass spectrometric measurements. The difference of both results vary between 1 and 9%. The causes of deviations were analyzed, and the influence of the error of the gamma-spectrometric measurements on the accuracy of the investigated procedure has been estimated.

Keywords

burnup; fission products; gamma spectroscopy; isotope ratio; nuclear fuels; plutonium isotopes; spent fuels

Introduction

Fuel burning in a nuclear reactor takes place through the transformation of the fuel nuclides into fission products and other materials. The quantities of these transformations depend on the initial fuel composition, conditions of fuel exploitation (irradiation) as well as on a series of other magnitudes. When all these magnitudes are known the balance of the fuel burning process can be calculated by solving a system of differential equations. However, in practice some of these magnitudes usually are not exactly known. In some cases they can be determined on the basis of known (or measured) contents of some fission products — burn up monitors [1—12].

In our previous paper several possibilities of such determination of those quantities, which cannot be considered as sufficiently accurately known for the fuel of the nuclear power plant A1, have been established by theoretical study [13]. Thereby, the same number of possibilities of such experimental-calculational determination of the burning process balance and also of the content of plutonium in the fuel has been obtained.[2]) The aim of the present work was to test experimentally the possibility of determination of isotopic composition and content of plutonium in the fuel by using that solution in which:

- the neutron flux is determined on the basis of ^{137}Cs
- hardness of the neutron spectrum[3]), on the basis of ^{134}Cs and
- cross section of ^{238}U(n, γ)^{239}U reaction, on the basis of ^{106}Ru.

Experimental

The experiments were performed on the fuel which was in the reactor for about one year and it was cooled outside the reactor for ~ 640 days. The solutions of the samples whose burn up was from 4900 to 6200 MWd/t U were analyzed.

The amounts of ^{106}Ru, ^{134}Cs and ^{137}Cs were determined gamma-spectrometrically. The activity of ^{137}Cs (μCi/mg U) was determined with an error of 2% and the activity quotients, ^{106}Ru/^{137}Cs and ^{134}Cs/^{137}Cs, were measured with an error of 5%. The procedures used and the results obtained have been published earlier [14].

As the control data the isotopic composition and the content of plutonium obtained with a very high by mass spectrometric measurement of plutonium and uranium were used [15].

Results

The most important part of the experimental testing of any analytical procedure concerns the determination of the error of its result. This error (E_{rr}) in our case was calculated from the relation:

$$E_{rr} = \frac{100(R_t - R_c)}{R_c} \tag{1}$$

where R_t and R_c are the results of tested (t) and control (c) procedures, respectively.

Each fuel sample was measured three times on a gamma spectrometer. The contents of the individual plutonium isotopes and the isotopic composition of plutonium were determined from each particular spectrum. The obtained values were compared with the results of mass spectrometric measurements and the differences were expressed in % (Eq. (1)). In the next step the mean values (ΔR) and the mean square errors (σR) for individual samples were determined. The obtained values are given in the upper parts of Tab. 1 and 2.

[1]) Address: ČS 25068 Řež, ČSSR

[2]) The fuel of the nuclear power plant A1 is non enriched metallic uranium

[3]) Actually, the parameter *r* from the *Westcott's* formalism is determined

Tab. 1. The deviations of the results of gamma spectrometric and mass spectrometric determination of the plutonium isotopes contents and of the total plutonium content

Fuel sample	Data*)	Deviation, %			
		^{239}Pu	^{240}Pu	^{241}Pu	Pu
101	$R^{(a)}$	− 4·7	+3·4	+1·4	− 3·2
	$R^{(b)}$	8·8	4·3	10·8	7·9
103	R	+ 4·9	+5·2	+15·1	+ 5·0
	R	9·4	3·4	10·7	8·1
105	R	+ 1·7	+1·7	+13·7	+ 1·5
	R	12·4	6·8	12·5	11·0
107	$R^{(b)}$	−12·1	−3·3	− 4·8	−10·2
	$R^{(c)}_{Z}$	5·6	3·9	6·7	5·0
109	R	−13·7	−5·4	− 5·5	−11·7
	R	3·8	1·1	3·0	3·1
Mean	$\overline{\Delta R}_1^{(a)}$	−4·8	+0·3	+ 4·0	− 3·7
	$\overline{\sigma R}^{(a)}$	8·0	3·9	8·7	7·0
Value	$\overline{\Delta R}_2^{(b)}$	7·4	3·8	8·1	6·3

*) Deviations were determined, first, from eq. (1) and, second (their statistical elaboration), from relations of the type: a) $x = \left(\sum_i x_i\right)/n$; b) $x = \left[\left(\sum_i x_i^2\right)/n\right]^{1/2}$ or c) $x = \left(\sum_i |x_i|\right)/n$

Tab. 2. The deviations of the results of gamma spectrometric and mass-spectrometric determination of the abundances of ^{239}Pu, ^{240}Pu and ^{241}Pu in plutonium

Fuel sample	Data*)	Deviation, %		
		^{239}Pu	^{240}Pu	^{241}Pu
101	ΔR	−1·6	+7·2	+4·7
	σR	1·0	4·6	2·9
103	ΔR	−0·1	+0·6	+9·7
	σR	1·4	5·1	2·8
105	ΔR	−0·1	+0·5	+12·0
	σR	1·4	+4·2	3·6
107	ΔR	−2·0	+8·0	+6·3
	σR	1·1	3·7	3·7
109	ΔR	−2·0	+7·6	+7·5
	σR	0·9	2·8	1·1
Mean	ΔR_1	−1·2	+4·8	+8·0
	σR	1·2	4·1	2·8
value	ΔR_2	1·2	4·8	8·0

*) See explanation given for Tab. 1

Discussion

The error of the determination (in %) of each correlated quantity (^{106}Ru, ^{137}Cs, ^{134}Cs, ^{239}Pu, ^{240}Pu etc.) in the observed ranges of their magnitudes only slightly depends on the magnitude itself. In such case a series of measurements of a series of samples (ΔR in %) can, to some extent, be treated as a series of repeated measurements of only one sample. This was the basis for obtaining the results in the lower parts of Tab. 1 and 2.

Such unification enables more reliable estimation of the character and also of the most important cause of the error of the result of the investigated procedure. Namely, in the all observed quantities (^{239}Pu, ^{240}Pu etc.) the deviation from Tab. 1 (ΔR) has the sign + nearly as frequently as the sign −. According to its absolute value ($|\Delta R|$) it is most often smaller than its mean square error (σR or $\overline{\sigma R}$). The final deviation ($\overline{\Delta R}_1$) is prominently (∼ 2 times) smaller than the average deviation ($\overline{\Delta R}_2$). All this indicates that the error of gamma spectrometric result is primarily random in character as well as that it is predominantly caused by the error of the measurement of ^{106}Ru, ^{134}Cs and ^{137}Cs. The relations and the conclusions concerning Tab. 2 are different.

The extimated contributions of the errors of the measurement of three fission products to the error of quantities from Tab. 1 and 2 are given in Tab. 3 and 4.

In this estimation we started from the fact that ^{238}U is the parent of all the investigated isotopes of Pu, then neglected the decrease of the content of ^{238}U during irradiation

Tab. 3. The contribution of the errors of the measurement of the fission products to the error of the determination of the plutonium isotopes contents and of the total plutonium

Fission product	Contribution, %			
	^{239}Pu	^{240}Pu	^{241}Pu	Pu
^{106}Ru	8.0	8.0	8	8
^{134}Cs	2·2	0.3	8	2·0
^{137}Cs	0·6	2·4	4	1·2
Total*) (a)	8·4	8·4	12	8·4
(b)	11	11	20	11

*) Total contribution is calculated from the relations of the type: a) $\Delta = (\sum_i \Delta_i^2)^{1/2}$ or b) $\Delta = \sum_i |\Delta_i|$

Tab. 4. The contribution of the errors of the measurement of the fission products to the error of the determination of ^{239}Pu, ^{240}Pu and ^{241}Pu abundances in plutonium

Fission product	Contribution, %		
	^{239}Pu	^{240}Pu	^{241}Pu
^{106}Ru	—	—	—
^{134}Cs	0·3	2·2	6·6
^{137}Cs	0·5	1·2	2·6
Total*) (a)	0·6	2·5	7·1
(b)	0·8	3·4	9·2

*) See explanation given for Tab. 3

and came to the conclusions: (1) — that the content of each isotope, and therefore also the total content of Pu, is linearly proportional to the cross section of $^{238}U(n, \gamma)^{239}U$ reaction, σ_{238}, and (2) — that the isotopic composition of Pu does not depend on the magnitude of this cross section.

The contribution of the error of measurement of ^{106}Ru to the error of determination of $\sigma_{238}(\partial\sigma_{238})$ was estimated in two ways:

- First, we have taken into account the facts that: σ_{238} is determined on the basis of ^{106}Ru; 80—90% of the content of this isotope in the observed fuel originates from the fission of ^{239}Pu and the error of measurement of ^{106}Ru is ~ 5%. It has been estimated than $\partial\sigma_{238}$ is ~ 7%, and this value also includes contribution of errors of quantities related with the formation of ^{106}Ru from ^{235}U.
- Second, the observed contribution was determined by comparing experimentally (gamma spectrometrically)[4]) and theoretically[5]) determined values of σ_{238}. This comparison was carried out in the same way as that of the quantities from Tab. 1 and 2 (Eq. (1), spectrum, sample etc.) and the obtained results are presented in Tab. 5. Then, it has been estimated that the error of the theoretical value is systematic in character as well as that the contributions of the errors of the measurement of ^{134}Cs and ^{137}Cs to the error of the determination of σ_{238} are negligible, and that the mean square error (σR) from Tab. 5 represents the contribution of the error of measurement of ^{106}Ru to the error of the determination of σ_{238} ($\partial\sigma_{238} = \sigma R$). Mean value of this error is 8% what is in agreement with the result of the previous estimation (7%).

Tab. 5. The deviations of the results of the gamma spectrometric determination of the cross section of $^{238}U(n, \gamma)^{239}U$ reaction, in %

Fuel sample		101	103	105	107	109	Mean value
Data*)	ΔR	−0·6	+9·6	+5·8	−2·7	−4·4	+1·5
	σR	8·5	9·0	12·7	5·9	4·1	8·0

*) See explanation given for Tab. 1

[4]) The experimental determination of σ_{238} was performed with the aim to avoid consequences of some phenomena which might appear during analysis (destruction, dissolution and measurement) of fuel.

[5]) The control data for σ_{238} were determined from the relations given in the paper by *H. Mizuta* and *Y. Fukai* [16].

Also, plutonium quantities (^{239}Pu, ^{240}Pu etc.) depend on the neutron flux and energy whose magnitudes were determined on the basis of ^{137}Cs and ^{134}Cs. The contributions of the error of the measurement of the first isotope are determined from the slopes of the tangents of medium curves in Fig. 1—7, approximately in the middle of the measured interval of A_{137}. The contributions of the measurement error of the second isotope are determined from the same dependences (Fig. 1—7) and for the same A_{137} value, taking into account the influence of the error of r-parameter by using an average value of the mean square error from Tab. 6.

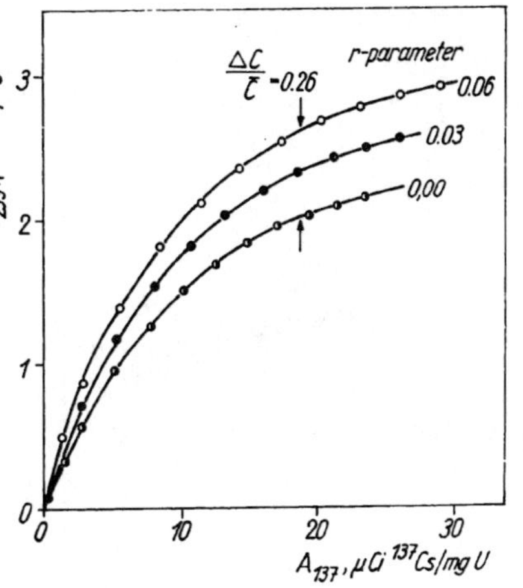

Fig. 1. Computed dependence of the ^{239}Pu content on the ^{137}Cs activity in the studied fuel at the time of its removal from the reactor

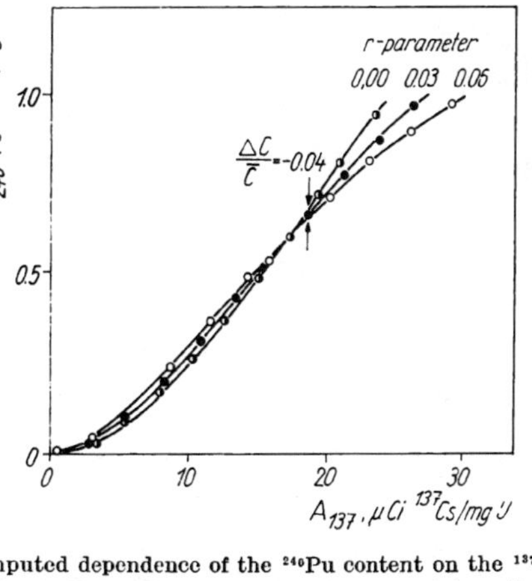

Fig. 2. Computed dependence of the ^{240}Pu content on the ^{137}Cs activity in the studied fuel at the time of its removal from the reactor

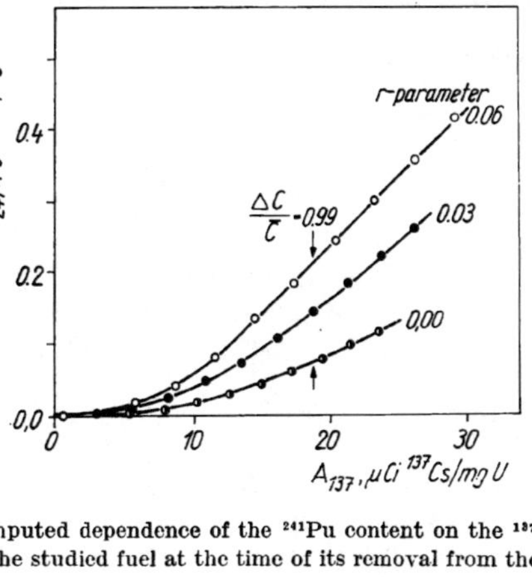

Fig. 3. Computed dependence of the ^{241}Pu content on the ^{137}Cs activity in the studied fuel at the time of its removal from the reactor

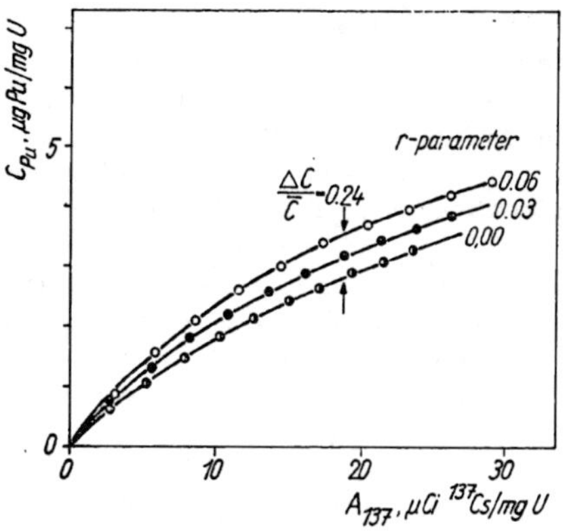

Fig. 4. Computed dependence of the ^{242}Pu content on the ^{137}Cs activity in the studied fuel at the time of its removal from the reactor

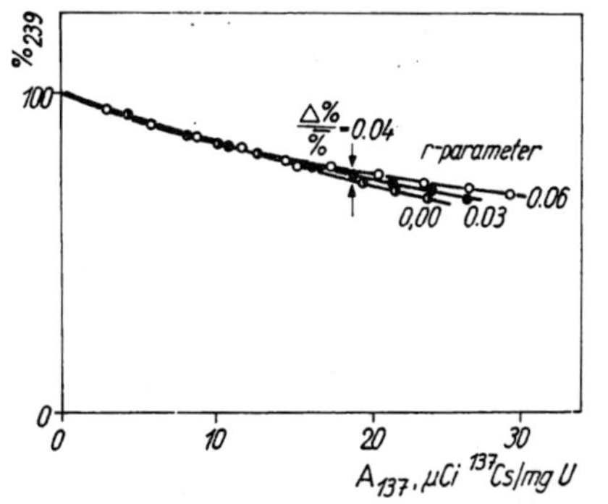

Fig. 5. Computed dependence of ^{239}Pu abundance on the ^{137}Cs activity in the studied fuel at the time of its removal from the reactor

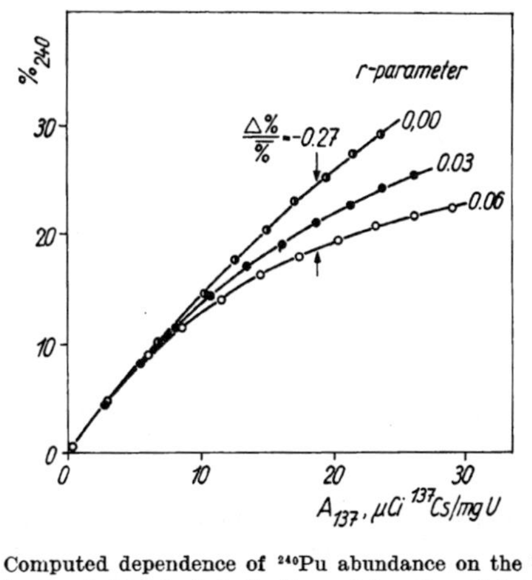

Fig. 6. Computed dependence of ^{240}Pu abundance on the ^{137}Cs activity in the studied fuel at the time of its removal from the reactor

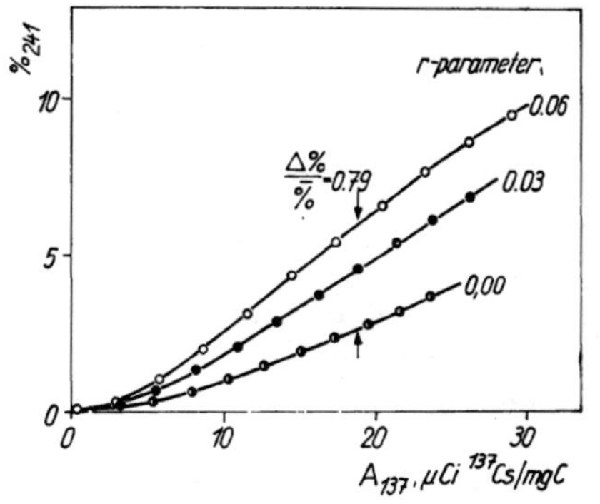

Fig. 7. Computed dependence of ^{241}Pu abundance on the ^{137}Cs activity in the studied fuel at the time of its removal from the reactor

Finally, the obtained plutonium quantities depend on the initial composition of fuel, cross sections of a series of reactions with neutrons, fission yields of measured fission products as well as on a number of other quantities. In other words, errors of the observed quantities depend also on the errors of these "other quantities".

Contributions of the errors of "other quantities" can be estimated by comparing deviations from Tab. 1 and 2 with the total contributions of the errors of measurement of ^{106}Ru, ^{134}Cs and ^{137}Cs. Namely, all the deviations (spectrum, sample, mean) of the results from Tab. 1 might be due to the measurement of fission products only; contribution of the errors of "other quantities" is unnoticable and, in this respect, irrelevant. On the contrary, only one part (~ 1/2) of the values of deviations from Tab. 2 might be due to the errors of measurement of ^{106}Ru, ^{134}Cs and ^{137}Cs. The other part should be the consequence of the errors of "other quantities" and is therefore apparent and important.

Tab. 6. Results of determination of parameter *r*

Fuel sample	101	103	105	107	109	Mean value
r	0·031*) (6)	0·036 (6)	0·035 (5)	0·025 (5)	0·027 (2)	0·031 (5)

*) Mean value and (in parenthesis) mean square error of the result, on the final figure of the result

Conclusion

A possiblity of determination of the isotopic composition and content of plutonium in spent uranium fuel of the nuclear power plant A1, by using gamma spectrometric measurements of ^{106}Ru, ^{134}Cs and ^{137}Cs, has been proved.

The abundances of ^{239}Pu, ^{240}Pu and ^{241}Pu in plutonium were determined with an error of 1, 5 and 8%, respectively. One part (~ 1/2) of the values of these errors is due to the errors of measurement of fission products, and the other — to the errors of used literature and other data.

The contents of ^{239}Pu, ^{240}Pu, ^{241}Pu and the total Pu content were determined with an error of 8, 4, 9 and 7%, respectively. Almost total values of these errors are due to the errors of measurement of ^{106}Ru, ^{134}Cs and ^{137}Cs. For this reaction the accuracy of determination of plutonium contents can be prominently increased by an adequate decrease of the errors of gamma spectrometric measurements.

Acknowledgement

Two of the authors (*V. B.* and *Z. M.*) take this opportunity to thank the Serbian Research Funds for participation in the financial support of this work.

Received April 14, 1981

References

[1] *N. C. Rasmussen, J. A. Sovka, S. A. Mayman*, Proc. of Symp. on Nuclear Materials Management, Vienna: IAEA 1966, p. 829

[2] *M. J. Higatsberger, H. Bruneder*, Acta Phys. Austriaca **28** (1968) 94

[3] *W. Smulek*, Symp. on Research in the Field of Reprocessing of Irradiated Fuel, Karlovy Vary (ČSSR) 1968. Paper KV 68/14
[4] *R. S. Forsyth, W. H. Blackadder*, Report AE-390 (1970)
[5] *H. Hick, M. Lammer*, IAEA Symp. on Progress in Safeguards Techniques, Karlsruhe (F. R. Germany) 1970. Paper IAEA-SM-133/5
[6] *V. F. Bulovič*, Report IBK-1020 (1971)
[7] *J. Krtil, V. Bulovič, M. Křivánek, M. Djordjevič, Z. Maximovič*, IAEA Symp. on Analytical Methods in Nuclear Fuel Cycle, Vienna 1971. Paper IAEA-SM-149/63
[8] *O. J. Eder, M. Lammer*, Proc. of Symp. on Nuclear Data in Science and Technology, Vienna: IAEA 1973, Vol. I, p. 233
[9] *S. Matsura, H. Tsuruta, T. Suzaki, H. Okashita, H. Umezawa, H. Natsume*, J. Nucl. Sci. Technol. 12 (1975) 24
[10] *S. Tsujimura*, IAEA Symp. on Nuclear Material Safeguard, Vienna 1978. Paper IAEA-SM-231/29
[11] *K. I. Zykov, L. I. Golubev, H. A. Kulakov*, Atomnaya Energiya 45 (1978) 270
[12] *B. A. Bibichev, P I. Fedotov, A. V. Lovtsyus, V. P. Mayorov, M. A. Razuvaeva, A. V. Stepanov*, Proc. of 1st Ann. Symp. on Safeguards and Nuclear Material Management, Brussels: ESARDA 1979, p. 173
[13] *V. Bulovič, J. Krtil, J. Moravec, Z. Maksimovič*, Principaltheoretical Estimation of the Burn-up Possibility Determination for the Irradiated Fuel of Atomic Power Station A1 on the Basis of ^{137}Cs, ^{134}Cs and ^{106}Ru. Paper presented at 4th Symp. on Research in the field of reprocessing of irradiated fuel, Karlovy Vary (ČSSR) 1977 *(in Russian)*
[14] *V. Bilovič, J. Krtil, F. Sus, Z. Maksimovič, E. Klosovà*, J. Radioanal. Chem. 51 (1979) 153
[15] *F. Sus, J. Krtil, V. Bulovič, E. Klosová, Z. Maksimovič*, J. Radioanal. Chem. 51 (1979) 143
[16] *H. Mizuta, Y. Fukai*, J. Nucl. Energy 23 (1969) 589

Bestimmung der Biomasse von Pflanzen mittels Beta- und Gamma-Strahlung

K. Unger, R. Quilitzsch

(Institut für Züchtungsforschung Quedlinburg der AdL der DDR)[1]

In einer Übersicht werden drei Methoden zur berührungslosen Biomassebestimmung mit Hilfe der Durchstrahlungsmethode vorgestellt. Es wird eine Methodik beschrieben, die es gestattet, mit Gamma-Strahlungsschwächung die Dichte von Pflanzenbeständen und mit β-Strahlungsschwächung die Dichte von wenigen Einzelpflanzen und von Blättern zu ermitteln. Eichungen und Umrechnungen erlauben eine Bestimmung der Biomasse und daraus Rückschlüsse auf die Wachstumsintensität und auf Hydraturveränderungen der Pflanzen bzw. der Blätter.

Keywords

agriculture; attenuation; beta radiation; biomass; gamma radiation; plants

1. Einleitung

Durch die Schwächung ionisierender Strahlung beim Durchstrahlen von Pflanzen und Pflanzenbeständen kann deren Masse im zeitlichen Verlauf berührungslos gemessen werden. Diese Technik der Biomassebestimmung hat für die Untersuchungen zur Bestimmung der pflanzlichen Produktivität im Rahmen der Züchtungsforschung und der Pflanzenbauforschung eine besondere Bedeutung. Auf Grund der vorliegenden Erfahrungen der berührunglosen Massebestimmung in der Technik und in anderen Anwendungsbereichen wurden die Anwendungsmöglichkeiten der Durchstrahlungsmethode für die berührungslose Biomassebestimmung von Pflanzen und Pflanzenbeständen im IfZ Quedlinburg schrittweise weiterentwickelt (*Unger* [1—5]). Weitere Anwendungen und Meßanordnungen wurden u. a. von *Burr* u. a. [6], von *Glubrecht* u. a. [7], *Teare* u. a. [8], *Kühn* u. *Schätzler* [9] und *Freytag* u. *Jäger* [10] für Biomassebestimmungen an Pflanzenbeständen und von *Linser* u. *Kaindl* [11], *Rolston* u. *Horton* [12] und *Buschbom* [13] an Einzelpflanzen und Pflanzenblättern beschrieben.

2. Physikalische Grundlagen und Meßprinzipien

Beim Durchgang von ionisierender Strahlung durch Materie kommt es als Folge elementarer Wechselwirkungsprozesse zu einer Schwächung der ursprünglichen Strahlungsintensität eines Strahlenbündels. Der Absorptionsanteil und Streuanteil der Schwächung ist bei der Gamma-Strahlung im wesentlichen durch den Photoeffekt und die *Compton*-Streuung und bei der Beta-Strahlung durch die Ionisations- und Strahlungsbremsung und die Vielfachstreuung bedingt. Auf die einzelnen Effekte, die bei der Schwächung von ionisierenden Strahlen auftreten, soll hier nicht eingegangen werden, vielmehr können wir feststellen, daß unabhängig von der Art der Wechselwirkungen sowohl für Gamma- als auch für Beta-Strahlung ein Schwächungsgesetz in der Form

$$I = I_0 e^{-\mu \cdot d} = I_0 e^{-\mu' G} \quad (1)$$

gilt.

In Gl. (1) bedeuten: I_0 = Strahlungsintensität ohne Absorber im Strahlengang, I = Strahlungsintensität hinter dem Absorber, d = Dicke des Absorbers, μ = Schwächungskoeffizient, $\mu' = \frac{\mu}{\varrho}$ = Massenabsorptionskoeffizient, $G = \varrho \cdot d$ = Flächenmasse des Absorbers, ϱ = Dichte des Absorbers.

Bei der Anwendung der Beziehung (1) auf Beta-Strahlung wäre noch zu beachten, daß sie für monoenergetische Strahlung nicht gilt, sondern nur für Strahlenbündel, die ein ganzes Spektrum von Teilchenenergien enthalten.

Der Massenabsorptionskoeffizient μ' ist abhängig von der Strahlenart, der Strahlenenergie und der chemischen Zusammensetzung des Absorbers sowie von der verwendeten Meßgeometrie. Bekanntlich gestattet die Beziehung (1) die Bestimmung der Dichte oder Dicke eines einfach geformten Körpers aus der Messung der Intensitäten I_0 und I. Auf Grund dieses Meßverfahrens wurden viele industrielle Flächenmassemeßgeräte entwickelt, die mit relativ hoher Meßgenauigkeit arbeiten.

Bei der Anwendung dieses Meßprinzips zur Bestimmung der Biomasse von Pflanzen und Pflanzenbeständen treten im Vergleich zur industriellen Flächenmassebestimmung folgende wichtige zu beachtende Besonderheiten auf:

— Bei der industriellen Flächenmassebestimmung ist das Meßobjekt aus homogenem Material und von einfacher

[1]) Anschrift: 4300 Quedlinburg, E.-u.-J.-Rosenberg-Str. 22/23

geometrischer Form, z.B. Papier- oder Metallband. Dagegen ist bei einer Pflanze bzw. einem Pflanzenbestand das Meßvolumen inhomogen mit Masse gefüllt und von nicht einfacher geometrischer Form.

- Bei einem industriellen Flächenmassemeßgerät ist die Kalibrierung unproblematisch, weil Eichobjekt und Meßobjekt die gleiche Zusammensetzung und gleiche geometrische Form haben. Bei Meßeinrichtungen für die Durchstrahlung von Pflanzen muß man die Kalibrierung oft mit andersgeformten Phantomobjekten aus anderem Material vornehmen.
- Bei einem Flächenmassegerät wird grundsätzlich mit einer einfachen, festen Strahlungsquelle–Strahlungsdetektoranordnung gearbeitet. Die Messung an einem Pflanzenbestand erfordert dagegen eine Vorrichtung, mit der die Anordnung aus Strahlenquelle und Strahlungsdetektor exakt am Bestand entlang geführt wird (Scanning).
- Bei der industriellen Flächenmassebestimmung ist das Meßobjekt von relativ konstanter Flächenmasse, es werden meist nur die Abweichungen von Sollwerten gemessen. Bei der Anwendung der Durchstrahlungsmethodik auf Pflanzen hat man es im Laufe einer Meßreihe immer mit einer sich stetig verändernden Masse, und damit auch Flächenmasse, des Objektes zu tun.

Wie aus den bisherigen Ausführungen hervorgeht, sind bei der Anwendung des Gamma- bzw. Beta-Durchstrahlungsverfahrens auf Pflanzen- und Pflanzenbestände die Hauptanstrenungen auf die Erstellung einer Scanningvorrichtung und auf die Entwicklung eines Kalibrierungsverfahrens zu richten. Die Abstimmung aller anderen Parameter, die in das Meßverfahren eingehen, ist weniger problematisch. Es handelt sich dabei um die Parameter:

1. Flächenmasse $G = \varrho \cdot d$ des Absorbers (Pflanze, Bestand, Blatt)
2. Chemische Zusammensetzung des Absorbers
3. Strahlungsquelle (Strahlenart, Energie, Aktivität, Halbwertzeit)
4. Strahlungsdetektorkennwerte (Nachweisempfindlichkeit, Energieauflösung, Langzeitstabilität)
5. Meßgeometrie (Abstand Strahlenquelle–Detektor, Abstand Strahlenquelle–Absorber, Divergenz des Strahlenbündels).

Die ersten beiden Parameter sind die Richtwerte für die Wahl der Strahlungsquelle. Die Strahlungsenergie bestimmt bei gegebener Flächenmasse die Empfindlichkeit der Methode. Dabei wird nach Möglichkeit im Bereich $1 > \frac{I}{I_0} \geqq 0{,}5$ der Kalibrierungskurve $G = f\left(\frac{I}{I_0}\right)$ gearbeitet. Die Aktivität der Quelle bestimmt mit dem statistischen Fehler das Meßverfahren. Wegen des Auftretens strahleninduzierter Schäden an Pflanzen und aus Strahlenschutzgründen kann die Aktivität aber einen gewissen oberen Wert nicht überschreiten. Die Halbwertszeit der Strahlenquelle soll möglichst lang sein, damit bei den Meßreihen mit einer konstanten Intensität I_0 gerechnet werden kann. In Tab. 1 ist eine Auswahl von Strahlungsquellen angegeben, die sich bei Meßproblemen der Biomassebestimmung an Pflanzen und Pflanzenbeständen bewährt haben.

Die Quelle ^{147}Pm eignet sich für Messungen an jungen Getreideblättern. Die Quellen ^{85}Kr und ^{90}Sr/^{90}Y sind für Messungen an ausgewachsenen Getreideblättern anwendbar. Die Hauptanwendung der Quelle ^{90}Sr/^{90}Y liegt bei Messungen an Einzelpflanzen und kleineren in Töpfen wachsenden Pflanzengruppen. Die Quelle ^{137}Cs findet Anwendung bei der Ausmessung von Getreideparzellen bis zu 8–10 m Breite.

Tab. 1. Für Biomassebestimmung gebräuchliche radioaktive Strahlungsquellen

Radionuklid	Halbwertszeit	Strahlungsenergie, MeV		Optimaler Anwendungsbereich, mg = cm^{-2}
		β-Strahlung	γ-Strahlung	
^{147}Pm	2,6 a	0,22(E_{max})		3–10
^{85}Kr	10,3 a	0,67(E_{max})		15–90
^{90}Sr/^{90}Y	27,7 a	2,27(E_{max})		100–600
^{137}Cs	30 a	1,18(E_{max})	0,66	11000–70000

Die Strahlendetektorkennwerte werden dem Meßproblem entsprechend ausgewählt.

Die optimale Meßgeometrie hängt stark von der Problemstellung, d. h. vom Meßobjekt, ab und wird experimentell ermittelt. Für die Eichung der Meßeinrichtungen wurde die Flächenmasse der Pflanzenbestände entweder direkt durch Wägung bestimmt, oder bei den laufenden Messungen wurden Phantomobjekte als ständige Eichkontrolle eingesetzt. Bei Gamma-Strahlungsquellen mit 0,66 MeV ist ein Massenschwächungskoeffizient von 0,077 cm^2 · g^{-1} für die Elemente C, N, O vorhanden. Dieser Massenabsorptionskoeffizient war auch bei den gewählten Phantomobjekten aus Kunststoff sehr ähnlich (Abweichungen nicht über 3%).

3. Bestimmung der Biomasse von Pflanzenbeständen

Um die Wachstumsintensität ganzer Pflanzenbestände berührungslos messen zu können, wurde eine Durchstrahlungsmeßanlage entwickelt, die auf Schienen montiert wurde. Abb. 1 zeigt eine solche Versuchsanlage. Auf der einen Seite der Meßbrücke befindet sich eine Strahlungskanone mit einem gammastrahlenden Präparat, während auf der gegenüberliegenden Seite der Brücke der Detektor angebracht ist. Die zwischen der Strahlungsquelle und dem Detektor liegenden Parzellen sind 10 m lang. Eine Abtastvorrichtung erlaubt es, den gesamten Bestand bis 1 m Höhe zu erfassen. Über eine Fernleitung erfolgt in einem Meßraum eine fortlaufende automatische digitale Registrierung der Meßwerte. Die in Quedlinburg entwickelte Meßanlage hat eine vollautomatische Einstellung der Strahlungsquelle und des Detektors vor jeder einzelnen Messung. Die Pflanzenmasse kann so in vorgegebenen Zeitintervallen gemessen werden.

Die Meßergebnisse der fortlaufenden Registrierung der Pflanzenmasse lassen sich in zwei Richtungen auswerten. Erstens kann die Produktivität der Pflanzenbestände am natürlichen Standort direkt gemessen werden. Ein Vergleich von Sorten und Stämmen gibt einen direkten Aufschluß über die Bildung der Gesamtmasse der Pflanzen in ihren einzelnen Entwicklungsphasen. Zweitens kann an den Pflanzen berührungslos die Veränderung des Wasserzustandes bzw. der Tagesgang der Hydratur gemessen werden.

In Abb. 2 ist für die Zeit vom 4. 6. – 7. 6. 1980 die stündliche Änderung der Pflanzenmasse von zwei Winterweizenstämmen dargestellt. Der Stamm A reagiert nach 2 Strahlungstagen (5. 6., 6. 6. 80) am darauffolgenden Tag (7. 6. 80)

Abb. 1. Durchstrahlungsmeßanlage für die Bestimmung von Biomasse von Pflanzenbeständen im IfZ Quedlinburg

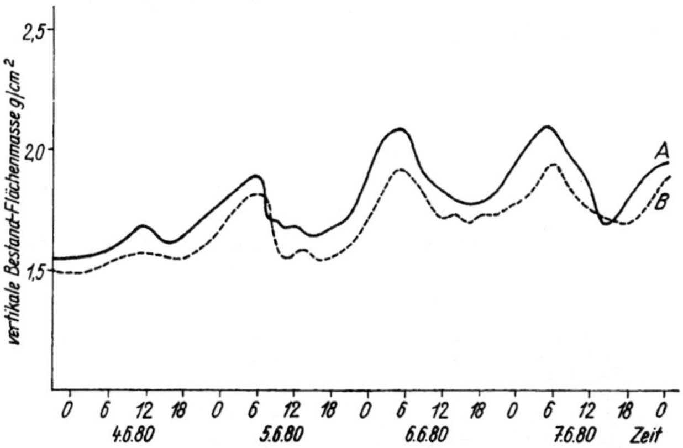

Abb. 2. Tagesgang der Biomasse von zwei Pflanzenbeständen (Winterweizen, Stamm A und B) in der Zeit vom 4. 6. – 7. 6. 1980

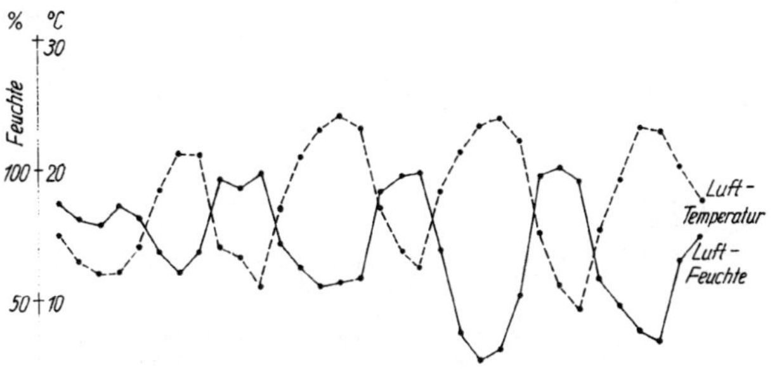

Abb. 3. Tagesgang der Temperatur und der relativen Luftfeuchtigkeit in der Zeit vom 4. 6. – 7. 6. 1980

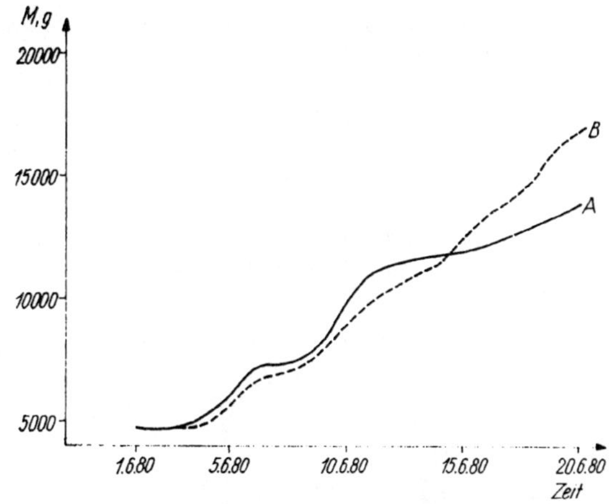

Abb. 4. Wachstumskurve der Biomasse von zwei Winterweizenstämmen in der Zeit vom 1. 6. – 20. 6. 1980

auffallend mit einer verstärkten Hydraturänderung, d. h. mit einem wesentlich größeren Wasserdefizit im Tagesgang als Stamm B. Für diese genannten Strahlungstage ist in Abb. 3 der Tagesgang von Temperatur und Luftfeuchtigkeit zu erkennen. In der Nacht erreichen die Pflanzen einen vollständig gesättigten Zustand, und die Änderung vom jeweils wassergesättigten Zustand bis zum maximalen Wassersättigungdefizit im Tagesgang ist ein direktes Maß des Hydraturzustandes eines Pflanzenbestandes unter den jeweiligen Bodenfeuchtigkeitsbedingungen. Durch die Sättigung der Pflanzen in der Nacht wird die Massenzunahme der Pflanzenbestände pro Tag vergleichbar. Zwischen der Biomasse der Pflanzen im Zustand der maximalen Wassersättigung und der Trockensubstanz der Pflanzen besteht pro Entwicklungsabschnitt eine enge Korrelation, so daß die auf Grund der Durchstrahlungsmessungen bestimmte Biomasse auch als Maß der Produktivität der Pflanzen aufgefaßt werden kann. In Abb. 4 ist die Biomassezunahme der beiden Winterweizenstämme in der Zeit vom 1. 6. bis 20. 6. 1980 im Zustand der Wassersättigung eingetragen. Stamm A zeigt eine deutlich größere Biomassezunahme bei geringerer Hydraturbelastung, während Stamm B bei höherer Belastung des Wasserhaushaltes eine größere Massewüchsigkeit zeigt.

Die Durchstrahlungstechnik läßt es darüber hinaus zu, auch kontinuierlich Absorptionsmessungen in Pflanzenbeständen in verschiedenen konstanten Höhen durchzuführen, so daß damit die Aufnahme von Bestandsprofilen während des Wachstums möglich wird [10].

4. Meßanordnung zur Bestimmung der Biomasse von kleinen Pflanzenbeständen

Bei der Bestimmung der Biomasse von Pflanzenbeständen mit Hilfe des Durchstrahlungsverfahrens besteht immer die Notwendigkeit, die Quelle-Detektor-Anordnung in geeigneter Weise über den Bestand zu führen, um die Gesamtmasse des Bestandes zu erfassen. Für eine Pflanzengruppe, die in einem *Mitscherlich*gefäß aufwächst, wurde folgende Anordnung gewählt: Über einen rotierenden *Mitscherlich*topf wird die Quelle-Detektor-Anordnung in vertikaler Richtung geführt. Durch die Rotationsbewegung der Pflanzengruppe wird eine Mitteilung über die inhomogen verteilte Masse erreicht. Die Rotationsbewegung der Pflanzen und die Vertikalbewegung der Quelle-Detektor-Anordnung sind so aufeinander abgestimmt, daß auch die Gesamtmasse der Pflanzengruppe im *Mitscherlich*gefäß wirklich erfaß wird. Bei der in der Abteilung Biophysik des IfZ aufgebauten Durchstrahlungsanordnung sind die Quelle und der Detektor jeweils auf kleine Rollenschlitten montiert, die über Kettenzüge gleichzeitig auf zwei vertikalen Schienen bewegt werden. Über ein Getriebe wird diese Vertikalbewegung mit der Rotationsbewegung eines Tellers, auf dem das *Mitscherlich*gefäß steht, mechanisch gekoppelt.

Weil die β-Strahlung in einem Absorber auch stark gestreut wird und bei der Absorption zusätzlich Bremsstrahlung entsteht, sind die Meßwerte sehr stark von der Meßgeometrie abhängig. In Vorversuchen wurde die optimale Meßgeometrie ermittelt. Dabei wurden in unterschiedlichen Abständen von der Strahlungsquelle mit Phantomobjekten Schwächungskurven aufgenommen. Bei optimaler Meßgeometrie entsteht in weiten Bereichen eine nahezu lineare Schwächungskurve. Weiterhin erwies es sich als vorteilhaft, eine Vorfilterung der β-Strahlung vorzunehmen.

Eine im IfZ Quedlinburg eingesetzte Meßanordnung ist in Abb. 5 zu erkennen. Die verwendete $^{90}Sr/^{90}Y$-Quelle hat eine Aktivität von 10 mCi. Als Detektor wird eine Szintillations-Meßsonde mit β-Szintillations-Meßknopf verwendet

Abb. 5. Meßanordnung für die Durchstrahlung von kleinen Pflanzengruppen in *Mitscherlich*töpfen im IfZ Quedlinburg

Abb. 6. Abhängigkeit des Impulsverhältnisses I/I_0 von der über den *Mitscherlich*gefäßen stehenden Biomasse

Um eine definierte Absorbergeometrie zu haben, wird bei den Messungen über den für *Mitscherlich*gefäße üblichen Drahtkorb eine zylindrische Plastefolie (0,13 mm stark) gestülpt, die das Auseinanderspreizen der Blätter bei der Rotation verhindert. Diese Hülle wirkt gleichzeitig als Vorfilterung. Die Meßempfindlichkeit wird durch sie nicht beeinträchtigt. Der Hub der Quelle-Detektor-Anordnung läßt sich je nach Pflanzenmaterial einstellen.

Die Eichung einer solchen Meßanordnung erfolgt entweder durch Messungen an dem Pflanzenmaterial oder durch Phantomobjekte. Dabei wird wieder darauf geachtet, daß der Massenabsorptionskoeffizient von Phantomobjekten in der gleichen Größenordnung wie für Pflanzenmaterial liegt.

Die Abb. 6 zeigt eine auf Grund von Eichungen mit Pflanzenmaterial erhaltene Eichkurve.

Die Empfindlichkeit der Meßanordnung (E) kann mit

$$E = \frac{\Delta(I/I_0)}{\Delta m} = 0{,}002 \text{ g}$$

angegeben werden. Damit kann prinzipiell ein Massenunterschied von 1 g aufgelöst werden.

Mit der so geeichten Anlage wurden Wachstumskurven von Getreidepflanzengruppen in *Mitscherlich*töpfen bestimmt. Als Beispiel ist ein solches Ergebnis in Abb. 7 dargestellt.

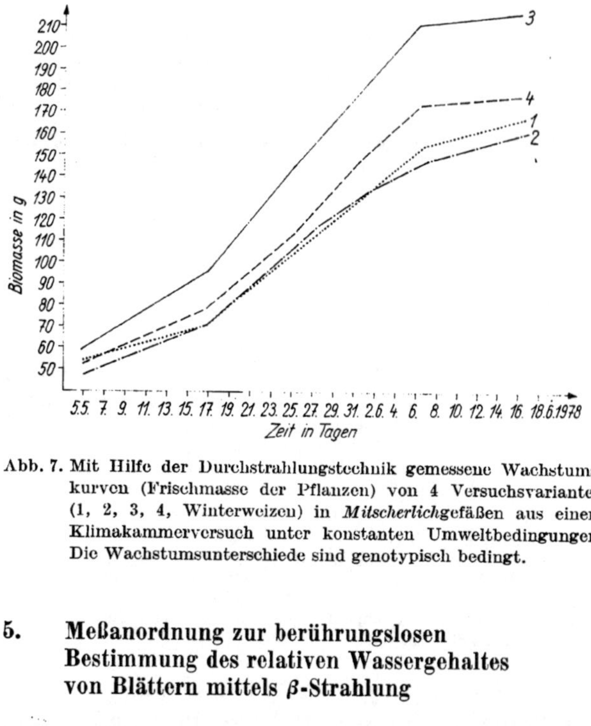

Abb. 7. Mit Hilfe der Durchstrahlungstechnik gemessene Wachstumskurven (Frischmasse der Pflanzen) von 4 Versuchsvarianten (1, 2, 3, 4, Winterweizen) in *Mitscherlich*gefäßen aus einem Klimakammerversuch unter konstanten Umweltbedingungen. Die Wachstumsunterschiede sind genotypisch bedingt.

5. Meßanordnung zur berührungslosen Bestimmung des relativen Wassergehaltes von Blättern mittels β-Strahlung

Bei der Anwendung des Meßverfahrens der Biomassebestimmung durch Schwächung ionisierender Strahlung auf einzelne Blätter kann dieses Verfahren zur zerstörungsfreien Bestimmung des relativen Blattwassergehaltes benutzt werden. Über kürzere Zeiträume hinweg ändert sich die Trockenmasse eines Blattes nur geringfügig, so daß Biomasseänderungen hauptsächlich durch den Wasseranteil im Blatt hervorgerufen werden, die sich dann durch die Änderungen der Strahlungsschwächung messen lassen. Dieses Verfahren wurde schon von mehreren Autoren realisiert, zum Beispiel von *Buschbom* [13] an Blättern von *Hieracium pilosella*; von *Antoszweski* u. *Lis* [14] an Erd-

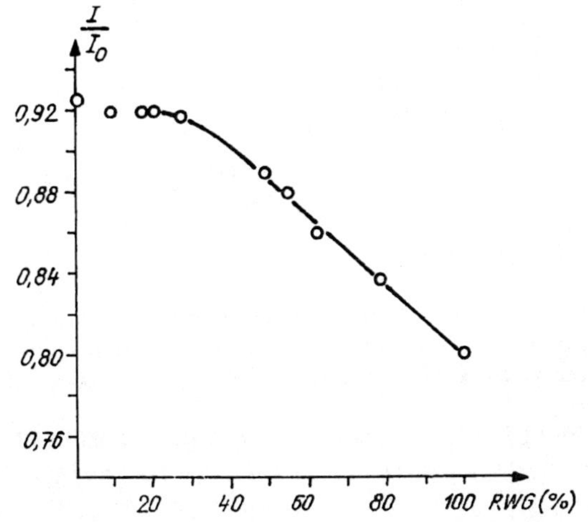

Abb. 8. Zusammenhang zwischen Impulsverhältnis I/I_0 und dem relativen Wassergehalt (RWG) für ein Getreideblatt bei Verwendung der β-Strahlung von $^{90}Sr/^{90}Y$

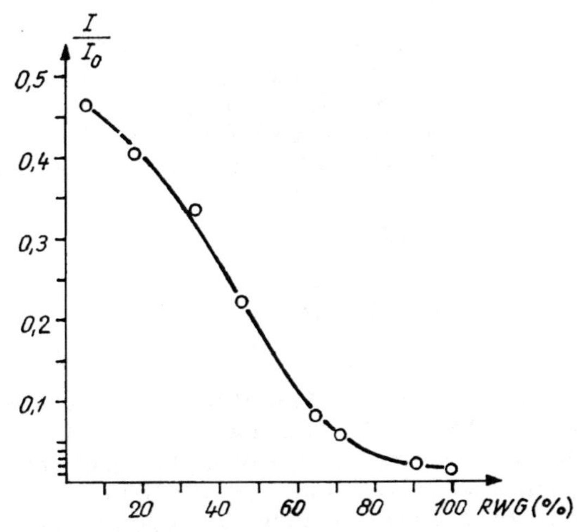

Abb. 9. Zusammenhang zwischen Impulsverhältnis I/I_0 und dem relativen Wassergehalt (RWG) für ein Getreideblatt bei Verwendung von β-Strahlung ^{147}Pm

beeren; von *Rolston* u. *Horton* [12] an Blättern von Sojabohnen, Gerste und Sorghum.

Bei der im IfZ verwendeten Meßanordnung wurde als β-Strahlungsquelle entweder $^{90}Sr/^{90}Y$ oder eine ^{147}Pm-Quelle eingesetzt. Bei $^{90}Sr/^{90}Y$ wurde mit einem Quelle-Detektor-Abstand von 10 cm gearbeitet. Das zu durchstrahlende Blatt befand sich hinter einer schlitzförmigen Blende aus Plexiglas möglichst nahe am Detektor. Für die Eichung einer solchen Anordnung gibt es zwei Möglichkeiten, entweder mittels Folien bekannten Flächengewichtes oder direkt mit Blattscheiben. Die Eichung mit Folien aus Aluminium ist nicht repräsentativ für Blattmaterial, was schon von *Buschbom* [13] nachgewiesen wurde. Es ist günstiger, nach einer Meßreihe an einer Pflanze im nachhinein die Eichung an Blattscheiben durchzuführen. Dabei wird zu einem bestimmten relativen Blattwassergehalt die jeweilige Strahlungsschwächung ermittelt.

Abb. 8 zeigt eine solche Eichkurve bei Verwendung der $^{90}Sr/^{90}Y$-Quelle. Eine Messung mit 20–30% relativem Blattwassergehalt ist nicht möglich. Abb. 9 zeigt eine Eichkurve bei Verwendung der ^{147}Pm-Quelle (70 mCi). Hier liegt der brauchbare Meßbereich zwischen 60% und 5% relativem Blattwassergehalt.

Eingegangen am 21. 8. 1981

Literatur

[1] *K. Unger*, Z. angew. Meteor. **3** (1958) 115
[2] *K. Unger*, Züchter **29** (1959) 289
[3] *K. Unger*, in: *S. W. Tromp*, Biometeorology 1962, Congress Proc. London, Pergamon Press Ltd., S. 335
[4] *K. Unger*, Experimentelle Untersuchungen mit Hilfe von ionisierenden Strahlen und Neutronen zur Bestimmung der Wachstumsintensität von Kulturpflanzen am natürlichen Standort. Akademie Verlag Geest u. Portig, Leipzig, 1963
[5] *K. Unger*, Primenenije radioaktivnych i stabilnych isotopov w naueno isledowatjelskich selskochosjaistwennich institutach GDR. Veröffentlichung der Leninakademie 1968
[6] *G. O. Burr, T. Tanimoto, C. E. Hartt, A. Forbes, G. Sadaoba, F. Aston, J. H. Payne, J. A. Silva, G. E. Sloana*, Peaceful use of atomic energy. Vol. **12**, Ber. Nr. 175, 1956; A.-conf. 8/P/115 Proc. 12, 177–183
[7] *H. Glubrecht, E. G. Niemann, H. Rundfeld*, Atompraxis **5** (1959) 237
[8] *I. D. Teare, G. P. Mott, J. R. Eaton*, Radiation Botany **6** (1966) 7
[9] *W. Kühn, H. P. Schätzler*, Z. Pflanzenzüchtung **76** (1976) 240
[10] *H. E. Freytag, R. Jäger*, Arch. Acker und Pflanzenbau u. Bdkde. **23** (1979) 757
[11] *H. Linser, K. Kaindl*, Isotope in der Landwirtschaft, Hamburg, Berlin 1960
[12] *D. E. Rolston, M. L. Horton*, Agron. J. **60** (1968) 33
[13] *U. Buschbom*, Planta **95** (1970) 146
[14] *R. Antoszewski, E. K. Lis*, Biologia plantarum **15** (1973) 119

Factors Affecting the Labelling of Hippuran in Organic Medium

M. Raieh, S. El-Bayoumy, A. El-Wetery

(Nuclear Chemistry Department, Atomic Energy Authority, Cairo, ARE)

Some factors affecting the labelling of hippuran in ethanol have been studied. It was found that the labelling yield increases with temperature, oxidizing agent and the presence of different concentrations of carrier decrease the rate of isotopic exchange. The rate of labelling was enhanced due to the presence of glass powder (heterogeneous catalyst). The effect of ultra-violet excitation on the labelling yield was investigated.

The stability of labelled hippuran to gamma radiation (^{60}Co unit) has been studied by using benzyl alcohol in labelled hippuran solution during gamma irradiation. The liberated iodine decreases by increasing the percentage of benzyl alcohol.

Keywords

hippuran; iodine 131; isotopic exchange; labelling; radiolysis; radiopharmaceuticals

Introduction

The labelling of hippuran by isotopic exchange with ^{125}I, ^{131}I and more recently with ^{123}I has been the subject of many papers [1 – 8]. In most cases the reaction is performed in the aqueous phase at *p*H 5 – 7, often in the presence of oxidizing agents like ICl, $NaNO_2$, KIO_3 or H_2O_2. Also several organic solvents such ethanol, DMF or molten acetamide [7 – 9] have been used as media for the exchange reaction. More recently a number of papers [10 – 14] dealing with the exchange reaction without solvent at or slightly above the melting point of the O-iodohippuric acid (172 °C) have appeared. An intermediate method is the "hydrothermal melting" introduced by *Sinn* et al. [15]. O-iodohippuric acid is labelled when heated with radioactive iodide at 155 °C in the presence of a small amount of water.

The main radiochemical impurity in labelled hippuran preparations is the free iodide. Contaminated products can be purified by crystallization under acidic conditions, by reaction with solid AgCl or by anion exchange chromatography. More recently methods have been developed in which the exchange reaction is virtually complette (> 97% organic yields) which renders purification superfluous [10 – 15].

The aim of this paper is to study the factors affecting the labelling of hippuran (sodium salt of O-iodohippuric acid) in ethanol by the isotopic exchange technique and the factors affecting the stability of the labelled compound.

Material and Purity Control

Sodium ortho-iodo-hippurate (Mallinkrodt, USA) was used without any further purification. Ethyl alcohol 96% and absolute ethanol as well as carrier free $Na^{131}I$ obtained locally were used for the preparation of $Na^{131}I$ stock solution in absolute ethanol. This solution was prepared by transfering about 2 mCi $Na^{131}I$ into a small beaker and neutralized by few drops of dilute HCl. Small amounts of carrier NaI and $Na_2S_2O_3$ were added so that the final solution will be 1×10^{-5} M. This solution was evaporated to dryness and then dissolved in absolute ethanol.

The glass powder used in this study as a catalyst was prepared by grinding neutral glass pencillin vials into two fractions with particle size 3×10^{-2} cm (I) and 1×10^{-2} cm (II) which were separated by sieving. The surface area of 1 gm of (I) is 75 cm²/gm and 1 gm of (II) is 210 cm²/gm. The glass powder was boiled for several hours in a solvent identical with that which was used for the exchange reaction.

Labelling Technique

About 36 mg hippuran in 5 m*l* ethanol were introduced in a small round flask (25 m*l*) with a stoppered side opening. A condenser is fitted on the round flask and the whole apparatus was immersed in a water bath thermostatically controlled. The hippuran solution was stirred and heated to the desired temperature for 15 minutes, then $Na^{131}I$ + NaI were added. At that moment, the reaction time was considered to be zero. At different time intervals, samples were withdrawn from the reaction mixture and placed on the starting line of Whatmann No. 3 MM. On each spot of the chromatogram a drop of a dilute solution of NaI and $Na_2S_2O_3$ (25 mg/m*l*) was added. Descending paper chromatography was performed using n-butanol : acetic acid : water in a ratio of 4 : 1 : 1, as eluting solvent of *p*H 2·6 [16]. The distribution of the activity along the chromatogram as revealed shown two main radio-components, one of $R_f = 0{\cdot}14$ (radioiodide) while the other of $R_f = 0{\cdot}82 - 0{\cdot}84$ (radioactive sodium ortho-iodohippurate) [5].

The degree of exchanges *F* was calculated from the relation

$$F = \frac{\text{activity in radio-hippuran}}{\text{total activity}} \times \frac{[\text{hippuran}] + [\text{NaI}]}{[\text{hippuran}]}$$

Parameters of the Exchange Reaction of Hippuran with ^{131}I in Ethanol

The factors affecting the rate of labelling of hippuran; namely the temperature, oxidizing agent, concentration of carrier iodine, heterogeneous catalysis and ultra-violet excitation are investigated experimentally.

1. *Effect of Temperature*

Carrying the labelling experiment at different time intervals while varying the temperature of the reaction mixture of each experiment, the results obtained are illustrated in Fig. 1, from which one can conclude that the exchange reaction was favoured by increase of temperature such as to attain optimum yield without destruction of the organic molecule. Thermal agitation excites the weak C-I pair (56 Kcal/mole) and can fairly exchange with the positive ^{131}I atom at the boiling temperature of the medium (75 °C) [7].

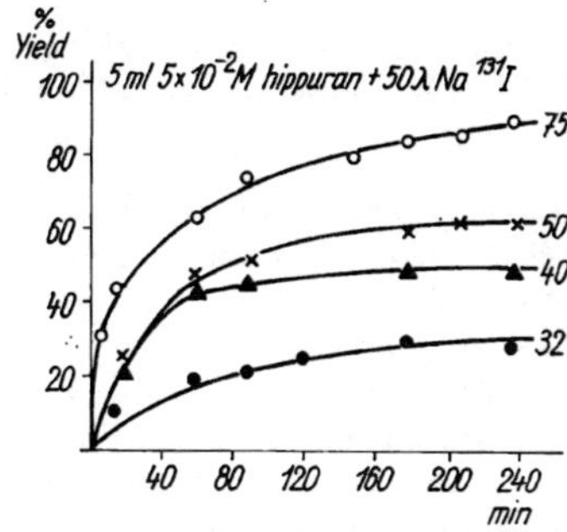

Fig. 1. Effect of temperature on the labelling yield of hippuran

2. *Effect of Oxidizing Agent*

By repeating the labelling experiment at fixed temperature 75 °C, and changing the oxidizing agent in each using H_2O_2 and KIO_3 at different pH values of the medium, it was found that at $pH = 6{\cdot}8$ best yield of exchange was obtained in the case of H_2O_2. Addition of 3 mg KIO_3 first accelerates the rate of labelling, then the KI resulting diminishes the rate due to the isotopic dilution. When no oxidizing agent was used, maximum exchange yield was obtained at $pH = 3{\cdot}5$. As it is clear from the Fig. 2, the introduction of H_2O_2 will increases the labelling rate which oxidizes I^- to iodine and form free iodine.

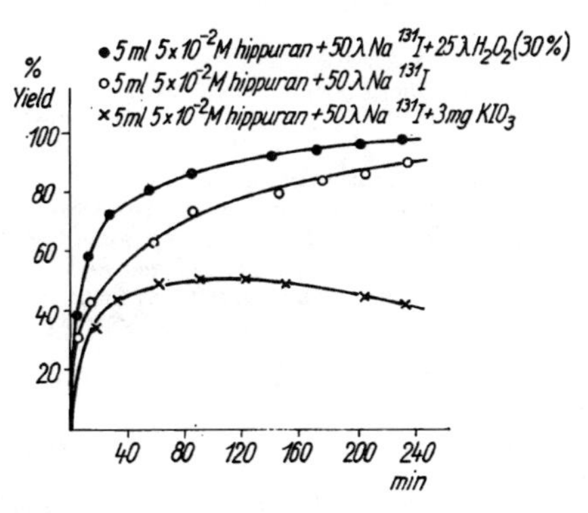

Fig. 2. Effect of oxidizing agent on the labelling yield

3. *Effect of NaI as a Carrier*

The dependence of the exchange rate on inactive NaI concentration was studied and a plot of log $1 - F$ against time at different NaI concentrations has shown in Fig. 3, which indicates that the rate of isotopic exchange decreases by the increases of NaI concentration. This means that an optimum amount of carrier iodine is necessary ($0{\cdot}3 \times 10^{-5}$ M NaI/5 *ml* of 5×10^{-2} M hippuran) to furnish a positive iodine atom for the exchange reaction.

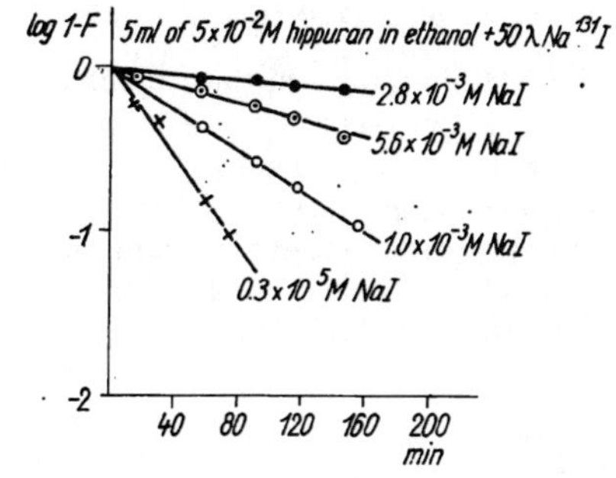

Fig. 3. Variation of log $1 - F$ with time at different NaI concentrations mol/*l*)

4. *Effect of Heterogeneous Catalysis*

By studying the yield of exchange at 75 °C by refluxing 5 *ml* of 5×10^{-2} M hippuran in ethanol with NaI (100) in presence of different amounts of glass powder of mesh size 3×10^{-2} cm, it has been found that the rate of isotopic exchange was enhanced by increasing the amount of glass, Fig. 4.

By using glass powder of smaller mesh size, the exchange rate was increased over that when using the same weight of glass of larger mesh size, Fig. 5.

From these results, one can conclude that the isotopic exchange of iodine between iodide anions and iodine in hippuran is controlled by the surface area of the catalyst.

According to the reaction mechanism proposed by *Spevacek* [17] for the system o-iodobenzoic acid/Na*I using surface catalysis, one can apply these reaction mechanisms — heterogeneous phase and catalyst surface — and the reaction rates can be determined.

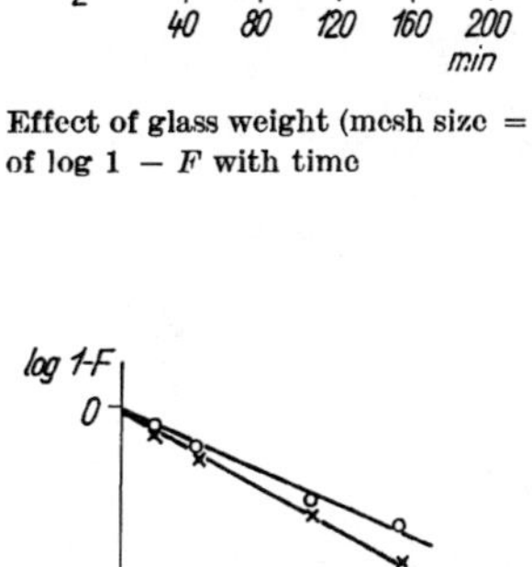

Fig. 4. Effect of glass weight (mesh size = 3×10^{-2} cm) on the variation of log $1 - F$ with time

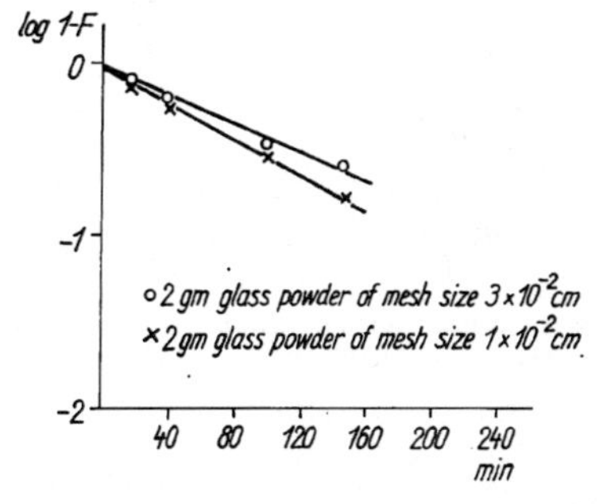

Fig. 5. Effect of mesh size on the variation of log $1 - F$ with time

5. *Effect of Ultra-violet Excitation*

To 5 m*l* of 5 × 10^{-2} M hippuran solution in ethanol in a quartz tube of 1 mm thickness is added about 50 μCi $Na^{131}I$. The tube was placed at 3 cm distance from the ultra-violet lamp (Gallenkamp ultraviolet Discharge Lamp LH-530) and the temperature was kept constant (30 ± 2 °C) by continuous ventilation. The effect of oxidizing agents H_2O_2 and KIO_3 as well as NaI as carrier on the exchange

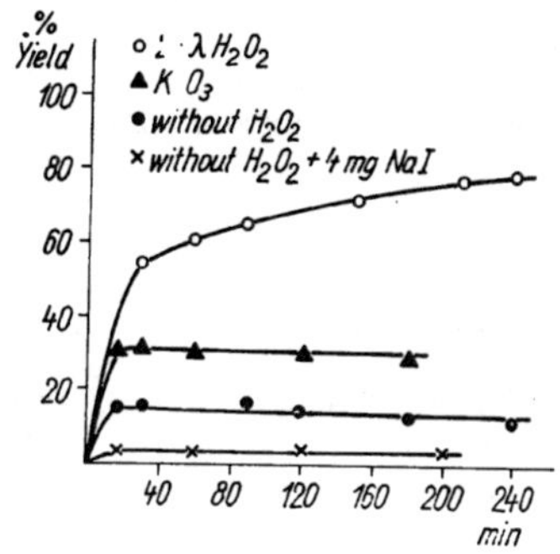

Fig. 6. Effect of ultra-violet excitation on the labelling yield with time at 30 °C

reaction have been studied. The results of these studies are shown in Fig. 6, which indicate that the most suitable oxidizing agent is H_2O_2 which obtain higher yields of exchange. H_2O_2 oxidizes I^- to iodine and free iodine was formed as:

$$I_2^* \xrightarrow{h\nu} 2\,I^*$$

$$RI + I^* \rightarrow RI^* + I$$

$$I + I^* \rightarrow I\,I^*$$

$$I^* + I^* \rightarrow I_2^*$$

In the case of addition of 3 mg KIO_3 first accelerates the rate of labelling as an oxidizing agent, then the KI resulting diminishes the rate due to the isotopic dilution.

In the case of using 4 mg NaI as a carrier, it has no effect mentioned on the labelling yield. This means that the temperature used is not enough to the exchange reaction.

Stability of Labelled Hippuran subjected to Gamma Radiation

Labelled hippuran was purified from the unreacted active iodine according to *Hallaba* et al. [18].

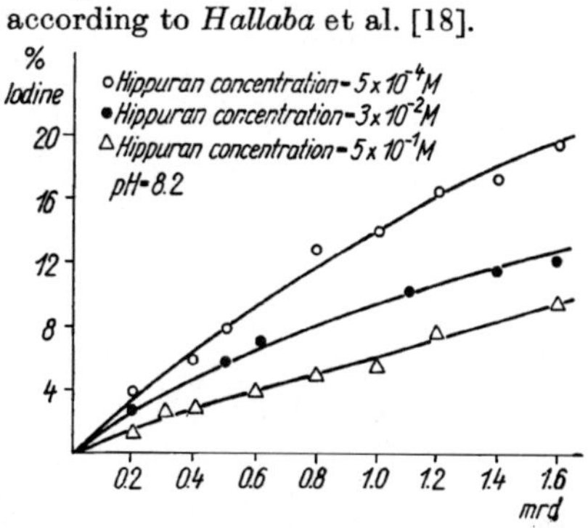

Fig. 7. Variation of iodine percent liberated from the labelled hippuran as a function of the gamma dose

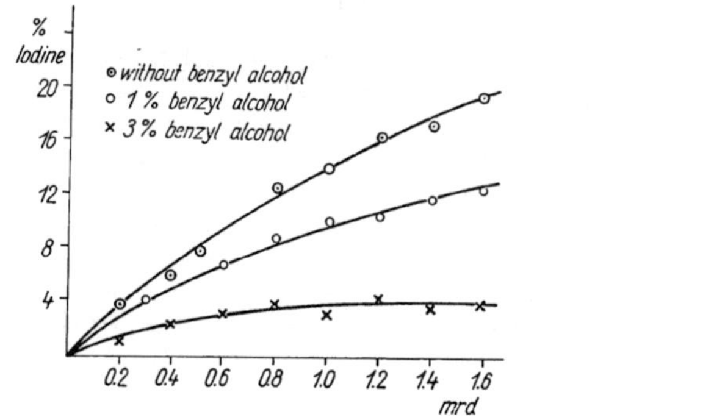

Fig. 8. Effect of benzyl alcohol on the variation of iodine percent liberated from 5 × 10^4 M labelled hippuran as a function of gamma dose

Different concentrations of the purified product in double distilled water were subjected to gamma radiation (^{60}Co unit) in sealed glass tubes for different time intervals. It was found that the labelled hippuran undergoes radiolysis by gamma irradiation. The extent of radiolysis depends mainly upon the time of irradiation. Also it has been found that the percent of the liberated iodine increases with the decrease of the labelled hippuran at different gamma dose Fig. 7.

By studying the effect of addition of benzyl alcohol in the pure labelled hippuran solution, it was that the percentage of liberated iodine decreases by increasing the percentage of the benzyl alcohol, Fig. 8. The addition of 1 – 3% benzyl alcohol to the labelled hippuran decreased the radiation damage of the product.

Received May 21, 1981

References

[1] *S. S. Brodie*, Jewish meml Hosp. Bull. **5** (1960) 27
[2] *M. Tubis, E. Posnick, R. A. Nordyke*, Proc. Symp. Experimental Biology and Medicine **103** (1960) 497
[3] *A. E. A. Mitta, A. Fraga, N. Veall*, Int. J. appl. Radiat. Isotopes **12** (1961) 146
[4] *R. S. Mani, Prabaharan*, Curr. Sci. **35** (1966) 16
[5] *E. Hallaba, M. Raieh*, Microchem. J. **14** (1969) 481
[6] *H. Elias, C. Arnold, G. Kloss*, Int. J. appl. Radiat. Isotopes **24** (1973) 463
[7] *E. Hallaba, G. El-Shaboury*, Isotopenpraxis **13** (1977) 1
[8] *H. J. Machulla, G. Stöcklin*, Quality Factors in Nuclear Medicine, p. 144. 1, Proc. 8th Int. Annual Meeting of the Society of Nuclear Medicine, Copenhagen (Fadl.s Forlag Copenhagen 1975)
[9] *H. Elias, H. F. Lotterhos*, Chem. Ber. **109** (1976) 1580
[10] *P. M. Wanek, H. B. Hupf, H. A. O'Brien*, J. Nucl. Medicine 18 (1977) 638
[11] *R. Gillet, M. Gogneau, G. Mathy*, Int. J. appl. Radiat. Isotopes **27** (1976) 61
[12] *M. L. Thakur, B. M. Chauser, R. F. Hudson*, Int. J. appl. Radiat. Isotopes **26** (1975) 319
[13] *J. A. Bijl, F. M. Kaspersen, L. Lindner*, J. Radioanalytical Chemistry **35** (1977) 55
[14] *G. Westera, H. J. Van, Gijlswijk, P. J. Van Der Jagt, J. F. W. Tertoolen*, Int. J. appl. Isotopes **29** (1978) 339
[15] *H. Sinn, W. Maier-Borst, H. Elias*, Int. J. appl. Radiat. Isotopes **28** (1977) 809
[16] Proceeding of a Panel on „Analytical Control of Radiopharmaceuticals". IAEA 1969
[17] *V. Spevacek*, Tetrahedron **29** (1973) 2285
[18] *E. Hallaba, M. Raieh, N. Missak*, Int. J. appl. Radiat. Isotopes **20** (1969) 865

Cyclic Voltammetry of Neptunium in Different Media

U. Niese

(Central Institute of Nuclear Research Rossendorf)[1])

J. Vecernik

(Nuclear Research Centre Rez, nr. Prague, Czechoslovakia)[2])

NpO_2^{2+} or NpO_2^+ can be determined simultaneously with Np^{4+} at the glassy carbon electrode in $HClO_4$ and HNO_3 solutions, because there is only one monoelectronic charge transfer for NpO_2^{2+}. In acetate buffer medium and in sulfuric acid the determination of NpO_2^{2+} or NpO_2^+ is possible at the glassy carbon electrode, but in presence of Np^{4+} we found out an interaction between NpO_2^{2+} and Np^{4+}. Considering this effect the determination of NpO_2^{2+} is possible.

Keywords

electrochemistry; electrodes; neptunium; quantitative chemical analysis; voltametry

The establishment of the Np^{4+}/Np^{3+} and NpO_2^{2+}/NpO_2^+ redox equilibria, which requires only a single electron transfer, proceeds very rapidly. These oxidation and reduction reactions are frequently used in the electroanalytical chemistry of neptunium, e.g. in polarography, in coulometry and in potentiometric titration [1, 2].

For the investigation of the electroanalytical behaviour of neptunium in different valence states, the voltammetry is the most usefull method. This technique gives very simple diagnostic criteria for the analytical application of the monoelectronic and multistage charge transfer of the neptunium species. *C. E. Plock* [3] described the use of a glassy carbon electrode for the determination of neptunium using the NpO_2^{2+}/NpO_2^+ couple, and *S. Casadio* et al. [4] found, that a simultaneous detection of NpO_2^{2+} and PuO_2^{2+} is possible by cyclic voltammetry at the pyrolytic graphite electrode.

We have undertaken this work to characterize the charge transfer of Np^{4+} and NpO_2^+ and NpO_2^{2+} in $HClO_4$, HNO_3, H_2SO_4, and acetate buffer medium by cyclic voltammetry at the glassy carbon electrode in order to make use of the results for the analytical determination of the neptunium species.

Experimental

The neptunium stock solution was prepared by dissolving a weighed amount of NpO_2 (Technocommerc, SU) in a mixture of HNO_3 c and HCl c. The solution was evaporated to dryness and the neptunium salt was dissolved in 0·5 N $HClO_4$. The concentration of the stock solution amounted to $2{\cdot}56 \cdot 10^{-2}$ Mol · l^{-1}. The Np^{4+}, NpO_2^+ and NpO_2^{2+} valance states were prepared electrochemically and checked by spectrophotometric measurements. The supporting electrolytes employed were 0·5 N $HClO_4$, 1 N HNO_3, 1 N H_2SO_4 and 0·5 N acetate buffer solution (pH = 4·6).

Apparatus

All voltammograms were obtained by the aid of an electronic potentiostat in connection with a triangular generator (produced in ZfK Rossendorf, GDR) and an X-Y recorder (Meßapparatewerk Schlotheim, GDR).

As the electrolysis cell we used a vessel, in which the glassy carbon working electrode, prepared in the same manner as described by *C. E. Plock* [3], was installed. (surface area: $A = 7{\cdot}85 \cdot 10^{-3}$ cm²). The auxiliary electrode was constituted by a platinum net, and as the reference electrode we used Ag/AgCl. The solutions were deaerated by bubbling with nitrogen for 10 min. A nitrogen atmosphere was kept above the solution during running of the voltammograms.

Results and Discussion

Our cyclic voltammetric measurements show a dependence on the supporting electrolyte.

The cyclic voltammetric curves of the neptunyl ion in $HClO_4$ and HNO_3 clearly demonstrate one monoelectronic charge transfer for the couple NpO_2^{2+}/NpO_2^+ (Fig. 1). We did not find three monoelectronic charge transfers for the reduction of NpO_2^{2+} in nitric acid as it was found by *A. Cadadio* et. al. [4] at a pyrolytic graphite electrode.

Our result is not surprising, if one considers, that the rate of the redox reaction, which requires the formation or the rupture of a neptunium — oxygen bond, Np^{4+}/NpO_2^+ or

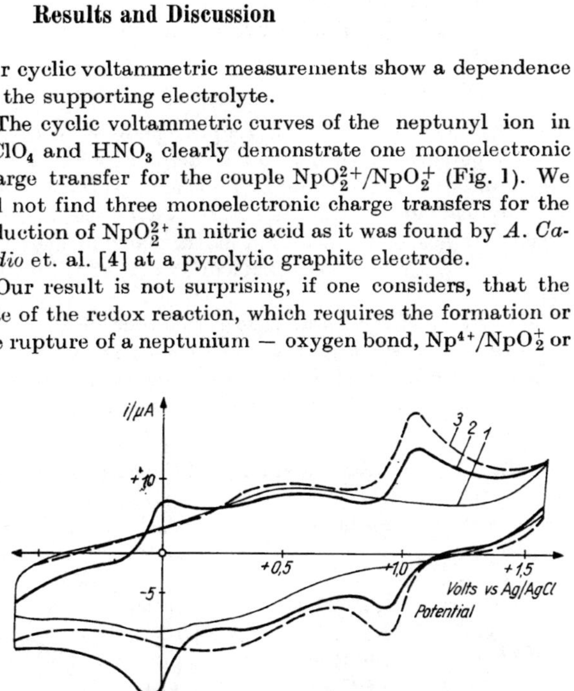

Fig. 1. Voltamogram of Neptunium in $HClO_4$

1 solvent curve; *2* Np(IV) $1.42 \cdot 10^{-3}$ Mol · l^{-1} + Np(VI) $1.42 \cdot 10^{-3}$ Mol . l^{-1}; *3* Np(VI) $1{\cdot}42 . 10^{-3}$ Mol . l^{-1} + Np(V) $1{\cdot}42 . 10^{-3}$ Mol . l^{-1} 0·5 N $HClO_4$; v = 100 mV . s^{-1}; GCE: ⌀ 1 mm

[1]) Address: 8051 Dresden, PF 19

Np^{4+}/NpO_2^{2+}, is very slowly at room temperature, as described by *D. Cohen* et. al. in $HClO_4$ [5]. At 25 °C it took approximately 4 h for equilibrium to be established. From the current voltage curve of neptunium [6] follows, that this kind of redox reaction needs a high overvoltage. The potential for the reduction of $NpO_2^+ \rightarrow Np^{4+}$ lies more negative, than for $Np^{4+} \rightarrow Np^{3+}$; and on the other hand the potential is more positive for the oxidation of $Np^{4+} \rightarrow NpO_2^+$, than for $NpO_2^{2+} \rightarrow NpO_2^{2+}$ in $HClO_4$ and HNO_3.

From the cyclic voltammetric curve (Fig. 1) we can conclude, that the determination of Np^{4+} and NpO_2^+ or NpO_2^{2+} and Np^{4+} in perchloric — and nitric acid is possible, whereas the distinction of NpO_2^+ and NpO_2^{2+} is impossible.

In sulfuric acid and in acetate buffer medium we found out principally the same concerning the one monoelectronic charge transfer of the couples NpO_2^{2+}/NpO_2^+ and Np^{4+}/Np^{3+} (see Tab. 1), whereas the reduction of $NpO_2^+ \rightarrow Np^{4+}$ proceeds at more positive potentials, than the reduction of $Np^{4+} \rightarrow Np^{3+}$, because of the high complex constant of Np^{4+} in this media. These results are in agreement with the measurements of *R. C. Propst* [7].

In the case of investigating the mixture of Np^{4+} and NpO_2^{2+} in H_2SO_4 and in acetate buffer medium we found out an enhancing of the voltammetric peak height of NpO_2^{2+}/NpO_2^+ in presence of Np^{4+}. In contrast with this we did not measure any change in the peak height using the mixture of Np^{4+} and NpO_2^+. This result indicates an interaction between Np^{4+} and NpO_2^{2+}, which we proved by spectrophotometric measurements. We found a disappearance of the peaks $\lambda_{max} = 740$ nm and $\lambda_{max} = 960$ nm belonging to Np^{4+}; and an appearance of the peak $\lambda_{max} = 985$ nm belonging to NpO_2^+ in acetate buffer medium.

In sulfuric acid we measured a lowering of the peak $\lambda_{max} = 728$ nm and a disappearance of the peak $\lambda_{max} = 980$ nm belonging to Np^{4+}; and an appearance of the peak $\lambda_{max} = 985$ nm belonging to NpO_2^+. These results show the formation of NpO_2^+, which is markedly favoured due to the equilibrium:

$$NpO_2^{2+} + Np^{4+} + H_2O \leftrightharpoons 2\,NpO_2^+ + 4\,H^+$$

The voltammetric wave of the couple Np^{4+}/Np^{3+} is in the negative potential range due to the complex formation; in this potential range the glassy carbon electrode is unsuitable for analytical purposes (see Fig. 2); the wave becomes irreversible .It has to be measured at the hanging mercury drop electrode, where the behaviour is almost reversible [8].

The work with the glassy carbon electrode needs some precautions in order to get reversible peaks. Investigating the NpO_2^{2+}/NpO_2^+ couple in different media the cleaning of the electrode by running from +1·0 volts to negative potentials is unsuitable, because of the voltammetric waves becoming irreversible. On the other hand, in the case of Np^{4+}/Np^{3+} a cleanin gof the electrode surface by running to negative potentials — 1·0 volts is necessary for obtaining reversible peaks.

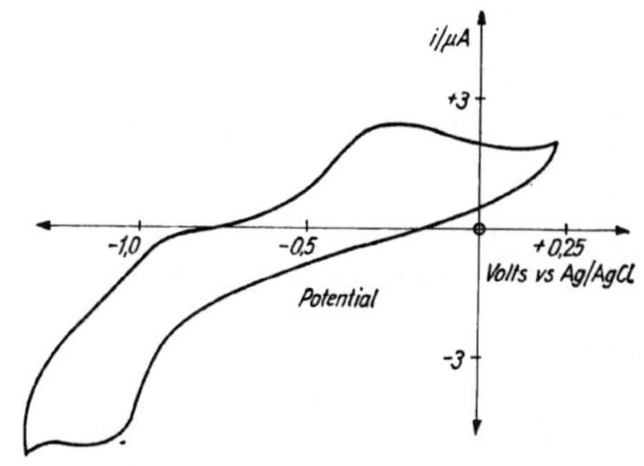

Fig. 2. Voltammogram of Np(IV) in 0·5 M ac⁻

Np(IV) $2{\cdot}8 \cdot 10^{-3}$ Mol . l^{-1}; 0.5 N ac^-; pH = 4·6; v = 160 mV · s^{-1}; GCE: ⌀ 1 mm

Tab. 1 reports the most significant parameters of the cathoanodic response of the investigated systems. It shows the reversible behaviour of the NpO_2^{2+}/NpO_2^+ and the Np^{4+}/Np^{3+} couples in acid media, and the irreversible one in acetic buffer medium. The value for the peak current (last column of the Tab. 1) was obtained varying the scan rate in 0·012 V · s^{-1} — 0·5 V · s^{-1} range, with concentrations between $1{\cdot}4 \cdot 10^{-4}$ and $2{\cdot}8 \cdot 10^{-3}$ Mol · l^{-1}. The standard deviation was found to be ±4%. The value for NpO_2^{2+}/NpO_2^+ in 1 N HNO_3 is in good agreement with the reported value by *S. Casadio* et al. [4].

Received June 10, 1981

References

[1] *G. W. C. Milner, G. Philips*, in: *H. W. Nürnberg* „Advanches in Analytical Chemistry", London 1974, p. 159
[2] *Ph. Cauchetier*, J. Radioanal. Chem. 51 (1979) 225
[3] *C. E. Plock*, J. Electroanal. Chem. 18 (1968) 289
[4] *S. Casadio, F. Orlandini*, J. Electroanal. Chem. 33 (1971) 212
[5] *D. Cohen, J. C. Hindman*, J. Amer. Chem. Soc. 74 (1952) 4682
[6] *J. C. Hindman, D. Cohen, J. C. Sullivan*, Proc. of the 1st. Int. Conf. on Peaceful Uses of Atomic Energy, Geneva 1955; 7 (1956) 345
[7] *R. C. Propst*, Anal. Chem. 43 (1971) 994
[8] *U. Niese*, J. Heyrovsky Memorial Congress on Polarography, Prague, 25.—29. 8. 1980

Tab. 1. Significant parameters of the catho-anodic response

couple/electrode reaction	medium	Ep^a/V anodic	Ep^c/V cathodic	$Ep^a - Ep^c$ mV	$ip_c + ip_a/A \cdot C \cdot v^{1/2}$ A/cm² · mMol/l · $V^{1/2} \cdot s^{1/2}$
NpO_2^{2+}/NpO_2^+	0,5 N $HClO_4$	+1·01	+0·95	60	0·705
NpO_2^{2+}/NpO_2^+	1 N HNO_3	+1·04	+0·98	60	0·722
NpO_2^{2+}/NpO_2^+	1 N H_2SO_4	+1·02	+0·91	110	0.849
NpO_2^{2+}/NpO_2^+	0,5 N ac^-	+0·84	+0·72	120	0·683
Np^{4+}/Np^{3+}	0,5 N $HClO_4$	+0·05	−0·02	70	0·829
Np^{4+}/Np^{3+}	1 N HNO_3	−0·02	−0·08	60	0·775
Np^{4+}/Np^{3+}	1 N H_2SO_4	−0·095	−0·23	135	0·905
Np^{4+}/Np^{3+}	0,5 N ac^-	−0·27	−1·06	790	—

Aus der Praxis

Reduzierung der über ^{131}I-Therapiekapseln freigesetzten Aktivität

Keywords

iodine 131; isotope production; nuclear medicine; radiation protection; thyroid

Einleitung

In den letzten Jahren hat die Anwendung von ^{131}Iod-Therapiekapseln stark zugenommen. Die Vorteile, welche die Gelatinekapselapplikation bringt, sind vor allen Dingen aus der Sicht des Strahlenschutzes sehr groß, da eine Verarbeitung hoher ^{131}I-Aktivitäten in offener Form in den klinischen Laboratorien vermieden wird.

In neueren Arbeiten zeigen sich jedoch folgende Probleme [1, 2, 3, 4]:

- ^{131}I-Gelatinekapseln zeigen gegenüber oral verabreichtem Na^{131}I reduzierte Aufnahmewerte in der Schilddrüse;
- ^{131}I-Gelatinekapseln setzen gasförmige Jodaktivität frei, die zu starken Überschreitungen der maximal zugelassenen Werte für Luft führen kann.

In der vorliegenden Arbeit wird eine Möglichkeit zur Verbesserung der Kapseleigenschaften, insbesondere zur Reduzierung der freigesetzten Aktivität über den Kapseln, dargestellt.

Material und Methode

^{131}I-Therapiekapseln der HA Radioaktive Präparate des ZfK Rossendorf wurden mit Kapseln, welche verschiedene Inertmaterialien bzw. Kombinationen mit verschiedenen Salzen als Zusatz enthielten, verglichen. So wurden die Adsorption an Aktivkohle, die Adsorption an Salzgemischen von $Na_2HPO_4 \times 2\,H_2O$ mit $NaHCO_3$, $Na_2S_2O_3$, Ascorbinsäure sowie $Na_2HPO_3 \times 2\,H_2O$ mit $Na_2S_2O_3$ und Ascorbinsäure experimentell auf folgende Parameter untersucht:

1. Die freigesetzte Aktivität über den Kapseln.
2. Die chemische Form des trägerarmen ^{131}I, welche unter physiologischen Bedingungen als Iodid vorliegt.

Zu 1.

Mit Hilfe einer Meßanordnung, wie sie in Abb. 1 dargestellt ist, wurde die Luft über einer Kapsel über ein mit $AgNO_3$ imprägniertes Kieselgel-Glaswolle-Filter nach [5] gesaugt, an welchem > 99,9% der ^{131}I-Aktivität adsorbiert wird.

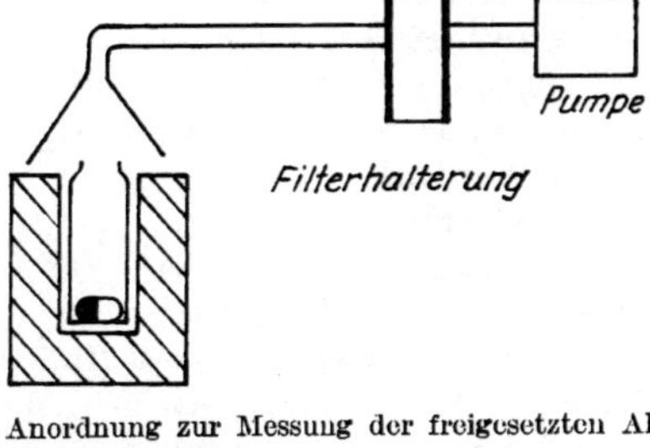

Abb. 1. Anordnung zur Messung der freigesetzten Aktivität über ^{131}I-Therapiekapseln

Nach einer Stunde erfolgte eine quantitative Aktivitätsauswertung des Filters. Die Pumpe hatte eine Saugleistung von ca. 200 l pro Stunde.

Mit dieser Aktivität des Filters wurde die freigesetzte Aktivität nach folgender Beziehung ermittelt:

$$\text{Freigesetzte Aktivität} = \frac{\text{Aktivität des Filters} \times 100}{\text{Aktivität der Kapsel}}\ \%$$

Die Aktivitäten müssen hierbei auf gleiche Zeiten bezogen eingesetzt werden. Da die freigesetzte Aktivität eine Funktion der Zeit ist, wurden für diese Untersuchungen die Filter 60 min bedampft.

Zu 2.

Gelatinekapseln wurden nach dem 2. AB der DDR in künstlichem Magensaft, d. h. in 50 ml einer Pepsin-Salzsäure-RL, bei 37 °C gelöst. Nach der vollständigen Auflösung der Kapseln und des Inertmaterials erfolgte in dieser Lösung mit Hilfe der Elektrophorese die Bestimmung des Iodidgehaltes nach der standardisierten RGW-Methode [6].

Ergebnisse

Auf Grund der Tatsache, daß sich nur das Gemisch von $Na_2HPO_4 \times 2\,H_2O$ mit $Na_2S_2O_3$ und Ascorbinsäure im Mischungsverhältnis 10:1:1 als physiologisch günstigste Variante herausstellte, sollen nur diese Ergebnisse angeführt werden. Dieses „neue" Inertmaterial wurde mit dem bisher üblichen „alten" Inertmaterial verglichen. Hierbei zeigen die Ergebnisse, daß bei Verwendung des neuen Inertmaterials die freigesetzte Aktivität um 1–2 Größenordnungen geringer ist und die Iodidwerte bei ≧ 97%

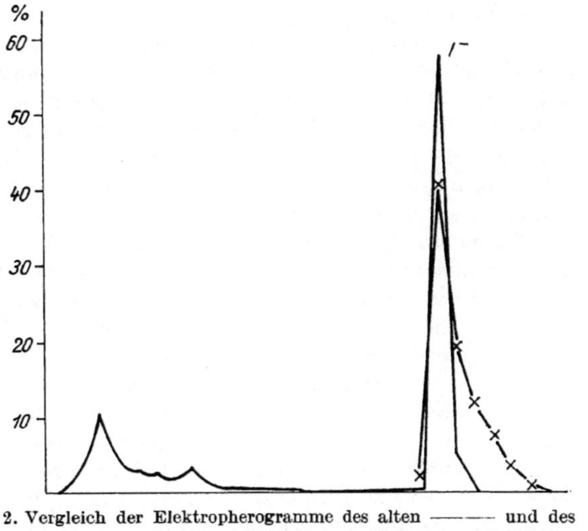

Abb. 2. Vergleich der Elektropherogramme des alten ——— und des neuen – – – Inertmaterials nach Auflösung im künstlichen Magensaft (nach 19 Tagen)

Tab. 1. Freigesetzte Aktivitäten und Iodidgehalte von Kapseln mit zwei Inertmaterialien

Inertmaterial	Aktivität der Kapsel Bq	Freigesetzte Aktivität bezogen auf 200 l Luft und 1 h	Iodid-Gehalt %	Tage nach Herstellung
$Na_2HPO_4 \times 2\,H_2O$	$31{,}5 \times 10^6$	$1{,}1 \times 10^{-3}$	93,3	6
	166×10^6	$2{,}4 \times 10^{-4}$	91,3	6
	1717×10^6	$1{,}7 \times 10^{-4}$	86,1	6
$Na_2HPO_4 \times 2\,H_2O$	2331×10^6	$4{,}2 \times 10^{-6}$	98,5	5
$Na_2S_2O_3$ und	2257×10^6	$4{,}4 \times 10^{-6}$	98,5	19
Ascorbinsäure (10:1:1)	1739×10^6	$1{,}1 \times 10^{-6}$	98,5	19

liegen. Damit ist außer einer physiologisch günstigsten Zusammensetzung des ^{131}I in der Kapsel nach Auflösung im Magensaft auch von Seiten des Strahlenschutzes eine sichere Handhabung gewährleistet.

Der Zusatz von Natriumthiosulfat und Ascorbinsäure, welche beide von der pharmakologischen Seite her als unbedenklich gelten, führt einerseits dazu, daß bisher vorhandene Markierungsprodukte der Gelatine im Elektropherogramm nicht mehr nachgewiesen werden können (Abb. 2) und andererseits die freigesetzte Aktivität über den Kapseln bedeutend reduziert wird (Tab. 1). Veränderte Eigenschaften, wie Löslichkeit unter physiologischen Bedingungen und optisch sichtbare Veränderungen am Kapselmaterial, konnten auch nach einer Dosisbelastung von ca. 30 – 50 kSv nicht beobachtet werden. Trotz der stark reduzierten Freisetzung an Aktivität über den Kapseln ist unbedingt die Öffnung der Primärverpackung unter einem Abzug vorzunehmen.

H.-J. Lincke
AdW der DDR, Zentralinstitut für Kernforschung Rossendorf

Eingegangen am 10. 6. 1981

Literatur

[1] *Schürer*, M. Persönliche Mitteilungen
[2] *T. Tomaru, I. Irifune, I. Uchida, N. Kasai, S. Ogawa, Y. Onai, A Tsuya*, Radioisotopes Tokyo 28 (1979) 36
[3] *H. Deckart*, Radiobiol. Radiother. 21 (1980) 821
[4] *H. Deckart, E. Kleinau, R. Buchholz, R. Janiszewski*, Radiobiol. Radiother. 20 (1979) 279
[5] *O. Hladik, R. Schwarzbach*, WP-130 626 Adsorberfiltermaterial
[6] RGW-Abstimmung über Elektrophorese von $Na^{131}I$ und $Na^{125}I$, Warschau 1975

Buchbesprechungen

Physics and Chemistry of Fission 1979
Proceedings of Symposium, Jülich 14–18 May 1979

Wien: IAEA 1980. *Vol. I. u. II: 1130 S., 433 Abb., 74 Tab., 1630 Zitate von Originalarbeiten; karton. Austr. S. 1625,–*

Von der Internationalen Atomenergiebehörde in Wien wurden die Konferenzbeiträge des Internationalen Symposiums über Physik und Chemie der Kernspaltung, das vom 14. bis 18. Mai 1979 in Jülich (BRD) stattfand, in zwei Bänden herausgegeben.

Dieses Symposium ist das vierte in der Reihe von wissenschaftlichen Konferenzen der IAEA (vorher Salzburg 1965, Wien 1969 und Rochester 1973), das grundlegenden Problemen der Kernspaltung gewidmet war. Auch dies unterstreicht die Tatsache, daß trotz nunmehr schon jahrezehntelanger technischer Nutzung der Kernspaltung für friedliche Zwecke – und des leider schon vorher einsetzenden Mißbrauchs für Kernwaffen – die Physik der Spaltungsprozesse nach wie vor Gegenstand intensiver Forschungsarbeiten in vielen Laboratorien der Welt ist. Begründet ist dies einmal durch das große wissenschaftliche Interesse, die Genauigkeit theoretischer Modelle zur Beschreibung der Kernspaltung und damit auch die Zuverlässigkeit ihrer Aussagen für bisher experimentell nicht völlig erschlossene Objekte wie Transfermiumelemente oder die hypotethischen superschweren Elemente zu erhöhen. Andererseits ist die Möglichkeit genauer Berechnungen, welche aus der besseren Kenntnis des Phänomens der Kernspaltung folgt, von direkter praktischer Bedeutung für den gesamten Komplex der Nutzung der Spaltungsenergie.

Entsprechend den gegenwärtigen Hauptrichtungen der Forschung auf dem Gebiet der experimentellen und theoretischen Untersuchung der Kernspaltung waren folgende Sektionen Gegenstand des Symposiums und dienten gleichzeitig als Gliederung des herausgegebenen Materials:

1. Spaltbarrieren und -wahrscheinlichkeiten
2. Spontane Spaltung und Spaltbarrieren
3. Schaleneffekte in der potentiellen Energie und Niveaudichten
4. Spaltung und schwere Ionen
5. Müoneninduzierte Spaltung
6. Fragmenteigenschaften und Teilchenemission
7. Dynamische Theorien der Spaltung.

Diesen Gebieten wurden insgesamt 111 Beiträge von Autoren und Autorenkollektiven gewidmet, wobei mindestens ein Beitrag aus jedem Sachgebiet Übersichtscharakter trug. Damit konnten die verschiedenen, schon relativ stark spezialisierten Orientierungen in der Spaltungsforschung weitgehend verbunden und auch die historisch wichtigsten Erkenntnisse dargestellt werden.

Eine ausführliche und übersichtliche Darstellung der seit der letzten IAEA-Konferenz 1973 erzielten Fortschritte und der noch offenen Probleme der Kernspaltung enthält der Schlußvortrag (summary talk) von *Specht* (Heidelberg/BRD). Dieser Vortrag kann gleichzeitig als Leitfaden zwischen den einzelnen Beiträgen und zu deren Einordnung in das gesamte Gebiet dienen. Selbst wenn in den letzten Jahren solche spektakulären Erfolge ausblieben, wie z.B. die Entdeckung der Spaltung aus isomeren Zuständen, später die experimentelle Bestätigung der Ursache dieses Phänomens als Spaltung aus stärker deformierten metastabilen Zuständen der Atomkerne, sind die Fortschritte auf dem Gebiet bedeutend. Hierbei müssen z.B. die Ergebnisse über die Eigenschaften der spontanspaltenden schweren Isotope des Elements Fermium ($Z = 100$) und des Kerns Mendelevium-259 genannt werden. Ständig neue Impulse für die Entwicklung des Gebiets lösten auch die Ergebnisse zur Synthese bisher unbekannter neuer Elemente mit den Ordnungszahlen $Z = 104$, 106 und superschwerer Kerne mit Hilfe von Schwerionenreaktionen aus. Andererseits ist die Situation bezüglich der schwerioneninduzierten Spaltung durch die Entdeckung konkurrierender Prozesse (tiefinelastische Wechselwirkung, „schnelle" Spaltung) inzwischen komplizierter geworden. Allerdings hat die Erforschung des Mechanismus der Wechselwirkung schwerer Ionen mit komplexen Atomkernen und der dabei entwickelten Modelle viel zum Verständnis der Kernspaltung beigetragen.

Die Beiträge des Symposiums über Physik und Chemie (es gibt allerdings keinen Beitrag, der ausschließlich chemische Fragen behandelt!) der Kernspaltung bieten somit den in der Kernforschung tätigen Wissenschaftlern und Hochschullehrern einen aktuellen Überblick über die Erfolge auf diesem Gebiet in den lezten Jahren.

H. Sodan

Radiochemie-Praktikum

R. Schwanker. Paderborn, München, Wien, Zürich: Ferdinand Schöningh 1980 (Uni-Taschenbücher 1068). 277 S., Paperback DM 22,80

Das Buch gliedert sich in einen ersten, relativ umfangreichen Teil eines geschichtlichen Abrisses (80 S.), dem das Kapitel physikalische Grundlagen (Aufbau des Atomkerns, Kernstabilität, Zerfallstypen; 32 S.) folgt. Über einige Betrachtungen zur Wechselwirkung von Alpha-, Beta-, Gamma-Strahlung mit Materie (11 S.) gelangt man zum experimentellen Teil, der neben radiochemischen Versuchen auch physikalische Grundmessungen einschließt (100 S.). Mit Nachwort, Literatur und Sachverzeichnis umfaßt das Buch 277 Seiten.

Die Breite, in der der geschichtliche Teil angelegt ist, läßt erkennen, daß der Autor die Geschichte der Naturwissenschaften in München studierte.

Obwohl man in den letzten Jahren als Folge der vielen Jubiläen und Ehrungen mit Historischem und Nostalgischem aus dem Bereich der Radioaktivität und Kernphysik reichlich versorgt ist, liest sich dieser vorwiegend aus Zitaten und historischen Abbildungen bestehende Teil, insbesondere vom Kenner der Szene, durchaus mit Behagen. Dennoch bedarf manches einiger Anmerkungen.

Da sind zunächst die in bezug auf ihren Beruf einmütigen Herren *Glenn Seaborg* und *Otto Krätz* — 2 Alchimisten ... in einem Atemzug genannt und nebeneinandergestellt. Man sollte mit Vergleichen zwischen Kernphysik und Alchimie maßvoll umgehen.

In einem Praktikum der Radiochemie hätte man sicher auch auf die ausführliche Wiedergabe eines Vortrages von *Egon Wiberg* „Vom Stein der Weisen" verzichten können, da dieser kaum einen Beitrag zur Geschichte der Radiochemie darstellt.

Der experimentelle Teil bringt zunächst Versuche zu den Kernstrahlungsdetektoren (*Geiger-Müller*-Zählrohr), der Statistik und der praktischen Kernstrahlungsmeßtechnik. Die radiochemischen Versuche sind dann nach Thoriumzerfallsreihe, Uranzerfallsreihe und Radiochromatographie gegliedert.

Gemäß dem Anliegen dieses Buches sind die Versuche in lobenswerter Weise sehr einfach gehalten. Sie demonstrieren die Grundprinzipien und können fast ausschließlich mit natürlich vorkommenden Radionukliden (Uran- und Thoriumverbindungen) durchgeführt werden. Unbeschadet der Absicht des Autors sind auch hier einige kritische Bemerkungen angebracht.

Es läßt sich sicher darüber streiten, wie weit es sinnvoll ist, die Experimente nach den natürlichen Zerfallsreihen zu gliedern. Die Isotopenverdünnungsanalyse (Volumenbestimmung) ist nur unter Schwierigkeiten der Strahlenmeßtechnik zuzuordnen. Es ist grundsätzlich richtig, die Versuche mit einfachen Mitteln und geringem Zeitaufwand durchzuführen. Man sollte aber nicht bei Aktivitätsmessungen auf die Auswirkung der Höhenverschiebung von Zehntel Millimetern auf die Zählrate hinweisen und dann Meßeinrichtungen (Abb. 91) vorschlagen, bei denen dieses Prinzip außer acht gelassen wird. Die Verwendung einer Nickelplatte zur Erhöhung der Zählrate durch β-Rückstreuung bedarf zumindest näherer Erläuterung, damit kein falsches Bild von der Nachweisempfindlichkeit und der Nachweisgenauigkeit vermittelt wird. Im Versuch „Polymerzerstörung" wird vieles durcheinander geworfen und nicht auf das Anliegen der Strahlentechnik orientiert. Der Versuch demonstriert nicht die „Zersetzung" des Polymers, sondern ein heute weit verbreitetes Detektionsprinzip, nämlich das des Festkörperspurdetektors, auf das leider keinerlei Bezug genommen wird.

Das Buch kann vor allem Fachlehrern und Oberschülern empfohlen werden. Seine Stärke liegt zweifellos im geschichtlich-historischen Teil, wodurch es natürlich für einen größeren Leserkreis interessant wird.

H. Koch

Chemie

Das Basiswissen der Chemie in Schwerpunkten Mit Übungsaufgaben

Ch. E. Mortimer. 3. neubearb. Aufl.; Stuttgart — New York: Georg Thieme Verlag 1980. übersetzt von P. Jacobi u. H. J. Schweizer, bearbeitet von G. Schilling; 810 S., 219 Abb., 121 Tab.; DM 59,—

Das Buch ist in 21 Kapitel eingeteilt und umfaßt die traditionellen Gebiete der Chemie, also anorganische, organische und physikalische Chemie, sowie die Theorie der chemischen Bindung und die Kernchemie, dazu einen tabellarischen Anhang mit Universalkonstanten, Standard-Elektrodenpotentialen und Gleichgewichtskonstanten und auf 79 Seiten die Lösungen aller 847 gestellten Aufgaben.

Soll die Chemie in einer Kurzfassung definiert werden, so lautet die bekannte Antwort, es sei die Lehre von den Stoffen und Stoffumwandlungen. Will man sich aber klarmachen, was alles unter dieser einfachen Begriffsbildung in moderner Form verstanden werden soll, so kann dies nur in Annäherungen an diesen umfassenden Begriff von verschiedenen Seiten her geschehen: von der stofflichen Vielfalt her — Gase, Lösungen, Metalle, Nichtmetalle; von den herrschenden mikroskopischen Gesetzmäßigkeiten der

Atome, Moleküle, ihren Strukturen und Bindungen und ihren geometrischen Formen in molekularer Dimension und schließlich von den makroskopischen Gesetzmäßigkeiten her, wie sie uns in der Thermodynamik begegnen, den chemischen Gleichgewichten und im Rahmen der chemischen Kinetik, den Zeitgesetzen bei stofflichen Wandlungen. Gewiß aus mehr didaktischen Gründen wurden neben diesen aufgezählten Kapitalüberschriften noch solche von der Art wie Säuren und Basen, Komplexverbindungen, Elektrochemie, Kernchemie und — als ein geschlossenes Ganzes — organische Chemie (71 Seiten) eingefügt. Und alle Kapitel sind Annäherungen an die Chemie, begriffliche Annäherungen oder „Conceptual Approaches", wie der Untertitel der englischen Originalausgabe lautet.

Es war und ist nicht das Ziel des Autors, weder im Stofflichen noch in den unterschiedlichen Stoffwandlungen halbwegs vollständig zu sein; insofern schließt das Buch für einen ausgebildeten Chemiker Überraschungen aus, was aber überrascht, ist die sehr gut gelungene Auswahl an Beispielhaftem, die einen Einblick und Überblick über das Grundsätzliche der Chemie gibt. Unterstützt wird diese Auswahl durch sehr gute Abbildungen — meist zweifarbig — und durch viele Strukturformeln — meist stereochemisch dargestellt. Daß die gestellen Aufgaben auch ausführlich beantwortet werden, verstärkt ein weiteres Mal den didaktischen Wert des Buches. Alles in allem wird eine Chemie „fast zum Anfassen" dargeboten — es muß leicht sein, sich als Neuling die Chemie in dieser Weise zu erarbeiten. Das Buch kann jedem an der modernen Naturwissenschaft Interessierten empfohlen werden, sei es, daß ihm ein lexikalisches Nachschlagewerk zu wenig gibt, sei es, daß er „Chemie lernen" will — oder muß. Das Buch hält, was es verspricht: das Basiswissen der Chemie in Schwerpunkten darzustellen.

H. Hübner

Atomfluoreszenz-Analyse
Physikalische Grundlagen der Methode

A. N. Seidel. Moskau: Nauka, Hauptredaktion für physikalisch-mathematische Literatur, 1980 (in Russ.); 192 S., div. Abb. u. Tab.; M 7,50

Nach einer Einordnung der Atomfluoreszenz-Analyse in das Gesamtgebiet der Analytik und einleitenden Bemerkungen zur Reproduzierbarkeit und Richtigkeit der Analysenergebnisse und zur Bestimmung der Nachweisgrenzen einer Analysenmethode wird in 5 Kapiteln auf die Theorie der Atomfluoreszenz, die Möglichkeiten der Fluoreszenzanregung und -registrierung sowie auf praktische Aspekte sowohl der Feststoffanalyse als auch der Gasphasenanalyse eingegangen.

In dem theoretischen Kapitel beschäftigt sich der Autor mit den grundlegenden Gesetzmäßigkeiten von Absorptions- und Emissionsspektren (Termschema, Linienbreite, sensibilisierte Fluoreszenz, kohärente Resonanzfluoreszenz, Photodissoziation), der Intensität der Fluoreszenz (Fluoreszenzlöschung, Superfluoreszenz, Selbstabsorption und Selbstumkehr), den zeitlichen Charakteristiken der atomaren Vorgänge und der Sättigungsfluoreszenz. Eine Tabelle der Hauptanalysenlinien der Elemente ist beigefügt.

Im zweiten Kapitel wird ausführlich auf die Anregungsquellen einschließlich ihrer Vor- und Nachteile eingegangen. Außerdem werden optische Anordnungen für die Fluoreszenzanregung und Methoden zur Atomisierung der Probensubstanz beschrieben. Dabei wird besonderer Wert auf die Bewertung der einzelnen Techniken gelegt.

Das Kapitel über Fluoreszenzregistrierung behandelt Strahlungsempfänger und Atomfluoreszenzgeräte, einschließlich Anordnungen für spezielle Aufgabenstellungen.

In den letzten Teilen des Buches werden Anwendungsbeispiele gegeben und die gegenwärtig erreichten Resultate diskutiert. Besonders hervorzuheben sind dabei Hinweise zur Na-Dampfdruckbestimmung in einem weiten Temperaturbereich, zur Bestimmung radioaktiven Natriums, zur Analyse der Isotopenzusammensetzung und zur Untersuchung kalter und heißer Plasmen. Gleichzeitig werden die Perspektiven der Entwicklung dieser Analysenmethode aufgezeigt und Vergleiche zu den Möglichkeiten der Atomabsorptionsanalyse gezogen.

Etwa 250 Angaben zur Originalliteratur ermöglichen dem Leser ein vertieftes Einarbeiten in die Atomfluoreszenzanalyse.

Durch seinen übersichtlichen Aufbau ist das vorliegende Buch jedem zu empfehlen, der sich über Grundlagen und Möglichkeiten der Atomfluoreszenzanalyse informieren möchte; aber auch der Praktiker kann viele Hinweise für seine Arbeit entnehmen.

U. Stahlberg

Industrielle Störfälle und Strahlenexposition
Strahlenschutz in Forschung und Praxis, Bd. XXI

Herausgegeben von: O. Messerschmidt, L. E. Feinendegen, W. Hunzinger. Stuttgart — New York: Georg Thieme Verlag 1980; XII, 247 S. 88 Abb. 27 Tab.; kartoniert DM 68,—

In drei Hauptabschnitten

- Stör- und Unfälle in der Kernindustrie
- Inkorporation und Dekorporation von Radionukliden
- Medizinische Versorgung von Strahlenunfallpatienten

werden die Beiträge der Gemeinschaftstagung der Vereinigung Deutscher Strahlenschutzärzte e. V. (21. Jahrestagung) und des Fachverbandes für Strahlenschutz e. V. (14. Tagung) vom 29. bis 31. Mai 1980 in der Kernforschungsanlage Jülich wiedergegeben. Zugunsten einer Akzentuierung der medizinischen Fragestellungen wurden in diesem Kongreßband bis auf wenige wesentliche Vorträge die über mehr technische Details nur in Kurzfassung wiedergegeben.

Im Einleitungsvortrag des ersten Abschnitts von *Bischof* über die Begriffe „Störfall und Unfall im Atomenergierecht" wird sehr ausführlich auch aus der Historie heraus und in den verschiedenen Rechtsbereichen, wie Grundgesetz der BRD, Verkehrs-, Privatversicherungs-, Sozialversicherungs-, öffentliches Dienstrecht und Umweltschutzrecht sowie im Atomenergierecht und gesetzlichen Folgeregelungen, wie Röntgenverordnung und Strahlenschutzverordnung, über die begriffliche Abgrenzung und die Fragen der Legaldefinition berichtet. Es muß festgestellt werden, daß letztlich die Unfall- und die Störfalldefinition im Atomenergierecht eindeutig von der der übrigen Rechtsbereiche abweichen. Selbst innerhalb des Atomenergierechts, der Röntgenverordnung, der Strahlenschutzverordnung und der Vorschriften über die Beförderung radioaktiver Stoffe existiert eine Vielfalt von Begriffen, die bei einer Novellierung einer terminologischen Vereinheitlichung zugeführt werden müssen. Die Durchführungen und Einschätzung über Staatengemeinschaftsrecht und ICRP sowie das Atomenergierecht der DDR und ausländischer

Staaten wurden auf Veranlassung der Herausgeber nicht abgedruckt.

Der Vortrag von *Stieve* über Erfahrungen mit bisherigen Strahlenunfällen — Ursachen, Abläufe und Gegenmaßnahmen — stellt eine gute Überleitung zum 2. und 3. Abschnitt dar, in dem, ausgehend von einer Unfallanalyse und Darstellung einzelner Unfallabläufe, Leitlinien für die Hilfeleistung und medizinischen Hilfeleistungen im Vergleich zu den IAEA-Empfehlungen der Safety Series 47 dargestellt werden.

Im Abschnitt „Inkorporation und Dekorporation von Radionukliden" werden von *Kaul* im Vortrag „Inkorporationsgrenzwerte nach ICRP 30" auf der Grundlage der in der ICRP-Veröffentlichung 26 empfohlenen Grenzwerte allgemeine Grundsätze zur Ermittlung der 50-Jahre-Folgeäquivalentdosis als Voraussetzung der Bildung abgeleiteter Grenzwerte und den Berechnungen zugrunde liegende dosimetrische Modelle skizziert und auch der Versuch unternommen, aus den Grenzwerten der Jahresaktivitätszufuhr für beruflich strahlenexponierte Personen Grenzwerte der Jahresaktivitätszufuhr von Radionukliden für Individuen der Gesamtbevölkerung abzuleiten.

Kurz sind die Beiträge über die Inkorporationsüberwachung, ihre Durchführung und Ergebnisse gehalten.

Sehr informativ und prägnant sind die Beiträge über die Dekorporationstherapie mit Ca- bzw. Zn-DTPA bezüglich der Wirkungen und des Therapieregimes sowie über die Jodprophylaxe einschließlich der möglichen Nebenwirkungen bei einer breiteren Anwendung im Havarie- oder Katastrophenfall, ausgehend von der epidemiologischen Situation der BRD bezüglich der alimentösen Jodzufuhr.

Im dritten Abschnitt „Medizinische Versorgung von Strahlenunfallpatienten" sind sowohl organisatorische Maßnahmen zur Absicherung einer abgestuften medizinischen Hilfeleistung Strahlenverunfallter, Zusammenstellung von Behandlungs- und Betreuungszentren sowie Darstellungen der Pathogenese, Symptomatik und Verlauf des akuten Strahlensyndroms, der Problematik kombinierter Schädigungen, biologische Indikatoren zur Erkennung und Beurteilung von Strahlenexpositionen mit einer kritischen Wichtung der Aussagekraft für Ganz- und Teilkörperexpositionen, Diagnose, Verlauf und Prognose zusammengefaßt. Abschließend werden Leitgedanken zur Behandlung des Strahlensyndroms in komprimierter Form dargestellt.

G. Stopp

Reaction Kinetics and Reactor Design

John B. Butt. Prentice-Hall International Series in the Physical and Chemical Engineering Sciences, Prentice-Hall, Inc.; New Jersey: Englewood Cliffs 1980; 431 S., 125 Abb., 26 Tab., gebunden $ 36.40

Das Buch über Reaktionskinetik und Reaktoranlagen — gemeint sind Reaktoren der chemischen Industrie — ist in 7 Kapitel gegliedert und zwar in 2 Kapitel über Kinetik und Mechanismen von chemischen Reaktionen in homogener Phase (137 S.), ein Kapitel über Mechanismen von Reaktionen an Oberflächen (46 S.), 2 Kapitel sind einer Einführung in die Theorie chemischer Reaktoren und ihrer Modellierung gewidmet (128 S.), daran anschließend werden thermische Effekte bei der Modellierung von Reaktoren behandelt (41 S.), und schließlich folgt ein Kapitel über Reaktionen in heterogenen Systemen (62 S.). Jedem Kapitel sind Übungsaufgaben beigefügt, insgesamt 174. Wie diese Aufzählung sichtbar werden läßt, ist das gesamte Gebiet der ingenieurwissenschaftlichen und verfahrenstechnischen Behandlung des formulierten Anliegens erfaßt; wenn man so will, mit einer deutlichen Betonung der Behandlung chemischer Reaktoren. Trotzdem finden sich auch die kinetischen Behandlungen von Reaktionen in der organischen Chemie, wie die *Hammett*- und *Taft*-Gleichung, also die linearen Beziehungen der freien Energie wieder, ein Hinweis mehr für die harmonisch abgewogenen Anteile einer modernen Darstellung der Reaktionskinetik.

Das Buch ist in einer knappen Sprache geschrieben; man spürt die Gabe und das Bemühen des Autors, sich erklärend und klärend auszudrücken. Umfassendere Lehrbücher bringen gewiß mehr Einzelheiten zur Darstellung, dürften aber kaum didaktisch wirkungsvoller sein. Hervorzuheben ist die Behandlung der chemischen Reaktoren, ein gelungener Einstieg in ein schwieriges Kapitel der Verfahrenstechnik, wenn auch ein starkes Mitarbeiten des Lesers verlangt wird — viele Probleme und die dazugehörigen Lösungswege werden erst in den gegebenen Übungsaufgaben mit einigen kurzen Hinweisen geklärt. Ein gutes Lehrbuch für den Studenten der chemischen Technologie, Verfahrenstechnik oder des Chemie-Ingenieurwesens; es kann sehr empfohlen werden.

H. Hübner

Topics in Applied Physics, Vol. 30
Excimer Lasers

Ch. K. Rhodes (Hrsg.). Berlin (West)—Heidelberg—New York: Springer-Verlag 1979; 194 S., 59 Abb., 28 Tab., mehr als 500 Literaturzitate; gebunden DM 66,—; US $ 36.30

Excimer-Laser, die auf induzierten Strahlungsübergängen zwischen bindenden oberen und nichtbindenden unteren Elektronenzuständen von Molekülen beruhen, gibt es erst seit 1972. Das vorliegende Buch trägt vor allem den Erfordernissen Rechnung, die für ein Verständnis der Grundlagen für diese Klasse von Lasern von Bedeutung sind.

Nach einer Einführung werden in Kapitel 2 die Potentialkurven der Elektronenstruktur und die Strahlungsübergänge der bekannten Excimer-Systeme systematisch diskutiert und die wichtigsten Aspekte der Berechnung der Verstärkung behandelt. Beim Vergleich zwischen theoretischen Aussagen und experimentellen Ergebnissen wird Literatur teilweise bis 1978 berücksichtigt.

In den Kapiteln 3—5 folgt die Beschreibung von Excimer-Lasern auf der Basis von homonuklearen Edelgas- und Halogenmolekülen, Edelgashalogeniden und Metalldämpfen.

Dabei wird ausführlich auf die Kinetik der Primäranregung, der Relaxationsmechanismen und der Reaktionsketten eingegangen, die zur Bevölkerung bzw. Entvölkerung der Laserniveaus führen. Etwas gedrängt, aber belegt mit zahlreichen Literaturhinweisen, werden die Anregungstechniken und andere experimentelle Details beschrieben.

Prognostische Aussagen über die potentielle Anwendbarkeit der Excimer-Laser werden vor allem für die jüngste Gruppe, die Edelgashalogenid-Laser, gemacht. Eine umfassendere Diskussion der Anwendungsmöglichkeiten enthält Kapitel 6. Wegen der Erschließung des UV-Bereiches der Excimer-Laser, deren Wirkungsgrad die Größenordnung 10% erreichen kann, bietet sich ihr Einsatz als Pumpquelle vor allem für photolytische Pumpprozesse, für die Erzeugung noch kürzerer Wellenlängen, für die Untersuchung hochliegender Elektronenzustände und nicht zuletzt ihre Anwendung in der Laserchemie und Isotopentrennung an.

Das von sieben anerkannten Spezialisten geschriebene Buch stellt ein wertvolles Nachschlagewerk für Entwickler und Anwender von Excimer-Lasern, vor allem aber für diejenigen dar, die an reaktionskinetischen und spektroskopischen Untersuchungen von Excimer-Systemen interessiert sind.

G. Müller

Biophysics and Physiology of Carbon Dioxide
Symposium held at the University of Regensburg (FRG), April 17—29, 1979

Ed. C. Bauer, G. Gros, H. Bartels. Berlin—Heidelberg—New York: Springer-Verlag, 1980; 453 S., 191 Abb., 64 Tab.; gebunden DM 86,—; US \$ 50.80

An der internationalen Tagung über die Biophysik bzw. Physiologie des CO_2 nahmen 57 Wissenschaftler teil, davon allein 24 aus den USA, gefolgt von 17 Vertretern aus dem Gastland einschließlich Westberlin. Es wurden 51 Vorträge gehalten, die sich auf 7 Themenkreise aufteilen lassen: Chemische Reaktionen des CO_2 mit Wasser (8 Seiten, 1 Vortrag), erleichterte (Carrier-)Diffusion von CO_2 (48 Seiten), Carbamat-Reaktionen der Proteine (62 Seiten). Das größte Kapitel war der Carboanhydrase — ihre Struktur und Funktion (149 Seiten, 14 Vorträge) — vorbehalten, gefolgt vom Kapitel CO_2-Austausch und Carboanhydrase in Atmungssystemen (90 Seiten, 14 Vorträge), CO_2-Transport und Carboanhydrase in der Placenta, im Muskel und in Ca-mobilisierenden Geweben; Lokalisation der Carboanhydrase (37 Seiten, 5 Vorträge) und schließlich ein Kapitel über den CO_2-Transport und die Carboanhydrase in der Niere und im Gehirn (29 Seiten, 4 Vorträge). Die Monographie wird durch ein Sachverzeichnis und ein Verzeichnis der Teilnehmer abgeschlossen.

Vor genau 50 Jahren konnten *R. Brinkmann* und *R. Margaria* endgültig zeigen, daß die Carboanhydrase (CA) auf die Gleichgewichtseinstellung der Reaktion $H_2CO_3 \rightleftharpoons H_2O + CO_2$ enzymatisch wirkt. Seither ist ein langer Weg zurückgelegt worden, der sowohl einen tiefen Einblick in das lebensnotwendige CO_2/CA-System gestattete als auch ein großes Arsenal an Methoden und subtilen Techniken in Anspruch nahm. Der vorliegende Band spiegelt den derzeitigen Wissensstand wider und gestattet beides — Methoden und erreichte Ergebnisse — zu überschauen.

Von den angewendeten Isotopenmethoden wären hier zu nennen: Isotopenaustausch des Sauerstoffs im H_2O/CO_2-System und der Einfluß der CA auf diese Gleichgewichtseinstellung (4 Beiträge), Nuklid-Tracer ^{51}Cr zur Markierung von Blut, ^{36}Cl zur Verfolgung des Anionenaustausches in der Cerebrospinalflüssigkeit, ^{14}C-Markierung von CO_2 zur Messung des Gasdurchtritts bei erleichterter Diffusion unter dem Einfluß der CA oder gar der synchrone Einsatz von $H^{14}CO_3^-$, ^{125}J-Albumin, $^{22}Na^+$, ^{3}H-Acetazolamid und ^{14}C-Antipyrin in Lungenkapillaren unter in-situ-Bedingungen bei Ratten. Eine Arbeit beschäftigt sich mit der Lokalisierung der CA unter Anwendung der Autoradiographie (^{3}H-Acetazolamid). Der Einsatz der NMR-Technik ist auch vielerorts zu finden: neben der ^{1}H-NMR- und der ^{13}C-NMR-Technik auch die etwas ausgefallen erscheinenden Techniken wie die ^{35}Cl/^{37}Cl-, ^{81}Br- und die ^{113}Cd-NMR-Methoden. Bei der Anwendung der ^{13}C-NMR-Methoden fallen die unverhältnismäßig hohen ^{13}C-Anreicherungen von 90 Atom-% ^{13}C und mehr auf. Alles in allem respektable Methoden mit vorzeigbaren Ergebnissen.

Überschneidungen sind bei so vielen Autoren mit ihren unterschiedlichen Beiträgen nicht zu vermeiden: die Gleichgewichtskonstante K_c bei der Carbamatbildung und die Dissoziationskonstante K_z der Reaktion Ammonium $\rightleftharpoons$ Amin + H^+ ist an mehreren Stellen definiert. Druckfehler sind nur Flüchtigkeitsfehler: thorugh (S. 15) oder Pachard (S. 115). Die SI-Einheiten bei Druckangaben werden nicht konsequent benutzt; mm Hg und Torr dominieren noch.

Das Buch ist eine Fundgrube für weitere Arbeiten über das biophysikalische/physiologische Verhalten des CO_2; es sind 987 Zitate über das ganze Gebiet angegeben, allein 4 Zitate aus dem Jahre 1980 und 45 Zitate aus dem Jahre 1979. Mehr von historischem Interesse dürften Zitate sein, die bis in die Jahre 1909, 1904 und 1891 zurückreichen. So gesehen dürfte man doch erstaunt sein, was sich eigentlich manchmal hinter den wenigen Zeilen und Angaben über das CO_2/CA-System selbst in ausführlichen Lehrbüchern der Biophysik/Biochemie alles an verbindlichem Wissen verbirgt. Das Buch ist für den tätigen Forscher auf diesem Gebiet ein experimentelles und gedankliches Rüstzeug von hohem Wert.

H. Hübner

Teamarbeit für Ingenieure

W. Brocks. Düsseldorf: VDI-Verlag 1979. VIII, 136 S., 6 Abb.; kart. DM 19,80

Die kollektive Tätigkeit ist einer der Wesenszüge der sozialistischen Arbeitsweise. Das heißt jedoch nicht, daß man ihre Vorteile und ihre Möglichkeiten schon überall optimal nutzt. Und oft, zum Beispiel auch in den Bereichen Forschung und Entwicklung, ist es nicht leicht, die der jeweiligen Aufgabe entsprechende günstigste Form der kollektiven Bearbeitung eines Problems, das zweckmäßigste Kollektiv, die richtige Aufgabenverteilung usw. zu finden.

Auch in führenden Ländern der kapitalistischen Welt wird seit langem der kollektiven Arbeit, dort unter dem Begriff „Teamwork" bekannt, große Aufmerksamkeit geschenkt, findet sie verbreitet Anwendung und wird gefördert.

Das vorliegende Heft verfolgt das Ziel, theoretische und praktische Einsichten und Erfahrungen über Teamarbeit weiterzugeben, die vom Autor in jahrelanger Tätigkeit in verschiedenen interdisziplinär zusammengesetzten wissenschaftlichen Arbeitsgruppen, Beratungsgremien, Ausschüssen und Planungsgruppen kapitalistischer Institutionen gewonnen wurden.

Die Hauptabschnitte der Schrift beschäftigen sich mit der Teamarbeit als Methode kooperativen Arbeitens und Führens, der Ingenieurarbeit im kooperativen Leitungsmodell, der Teamarbeit der Ingenieure im Betrieb, Beispielen für die Teamarbeit in Unternehmen und der Teamarbeit als Lernmethode.

Das Lesen des Heftes ist Ingenieuren, Wissenschaftlern, Leitern in allen Wirtschaftszweigen und Studenten in Ergänzung einschlägiger Fachliteratur aus dem sozialistischen Wirtschaftsgebiet zu empfehlen.

J. Holzhey

Underground Disposal of Radioactive Wastes, Vol I, II
Proc. of a Symposium, Otaniemi, 2.—6. July 1979 (OECD)

Vienna: IAEA 1980; 1128 S., zahlr. Abb. u. Tab.; Austr. Schilling 1630.—

Am Internationalen Symposium zur Endlagerung radioaktiver Abfälle im Untergrund haben 32 Länder und 4 internationale Organisationen mit 378 Delegierten und 55 Beobachtern teilgenommen. Die vorliegenden zwei Bände stellen den Symposiumsbericht dieser Veranstaltung dar.

Insgesamt 68 Vorträge wurden zu folgenden Themen gehalten:

- Nationale Programe und allgemeine Studien zur Endlagerung radioaktiver Abfälle (12 Vorträge). Hier berichteten die USA, die BRD, Großbritannien, Schweden, die UdSSR, Indien, Kanada, die Schweiz und Italien.
- Endlagerung flüssiger Abfälle im Untergrund und die Endlagerung fester Abfälle in oberflächennahen Schichten und Felshohlräumen (7 Vorträge)
- Endlagerung im tiefen Untergrund (Steinsalz, kristalliner Fels, Ton u. a.) (23 Vorträge)
- Thermische Aspekte der Endlagerung hochaktiver Abfälle (9 Vorträge)
- Migration von Radionukliden im Untergrund (7 Vorträge)
- Sicherheitsbeurteilung und Aspekte der Gesetzgebung (10 Vorträge).

Zur Gesetzgebung auf dem Gebiet der Endlagerung radioaktiver Abfälle sind keine Beiträge im Symposiumsbericht enthalten. Von den 68 Beiträgen sind 3 geladene Vorträge von führenden Fachleuten zu folgenden Themen gehalten worden:

- Aspekte der Endlagerung radioaktiver Abfälle unter dem Meeresboden (*C. D. Hollister* u. a., USA)
- Vorhersage von langzeitigen geologischen und klimatischen Veränderungen, die den Einschluß radioaktiver Abfälle beeinflussen können (*R. W. Fairbridge*, USA)
- Bedeutung des Oklo-Phänomens für Endlagerungsstudien (*R. Hagemann* u. a., Frankreich).

Der Symposiumsbericht schließt mit der Aufzeichnung eines Rundtischgespräches von Vertretern aus 7 Ländern zu Fragen der zuverlässigen Isolierung radioaktiver Abfälle.

Es kann zusammenfassend festgestellt werden, daß seit dem letzten Symposium zur Endlagerung radioaktiver Abfälle im Jahre 1967 wesentliche Fortschritte auf dem Fachgebiet erreicht worden sind. So konnte das Wissen um die Auswahl von Standorten für Endlager vertieft werden, ein Multibarrierenkonzept für Endlager wurde entwickelt und neben dem Steinsalz wurden weitere Gesteine für die Endlagerung radioaktiver Abfälle in Betracht gezogen.

Der Symposiumsbericht zeigt eine beeindruckende Vielzahl von Endlagerungsmöglichkeiten für radioaktive Abfälle und die weltweiten Bemühungen um Vertiefung der Kenntnisse und Verbreiterung der wissenschaftlichen Basis, insbesondere auf dem Gebiet der Sicherheitsbewertungen für Endlager.

Der Bericht wird vor allem den Fachleuten, die auf dem Gebiet der radioaktiven Abfälle arbeiten, sowie den Interessenten empfohlen, die ihre Kenntnisse zu diesen Fragen vertiefen möchten.

K. Runge

Einführung in die Kernchemie

K. H. Lieser. 2. neubearb. u. erw. Aufl.; Weinheim—Deerfield Beach (Florida)—Basel: Verlag Chemie 1980 (Kernchemie in Einzeldarst. Bd. 1). XIV, 771 S., 270 Abb., 115 Tab.; Leinen DM 120,—

Das 1969 in seiner ersten Auflage erschienene, weitgespannte und umfangreiche Lehrbuch liegt nun nach mehr als 10 Jahren in seiner ergänzten und überarbeiteten zweiten Auflage vor. Bereits die erste Auflage hatte sich äußerst gut eingeführt, so daß dieses Buch ohne Zweifel zu dem Standardwerk im deutschsprachigen Raum geworden ist.

Auch in der zweiten Auflage ist die Einteilung in die folgenden 15 Kapitel

> Periodensystem, Eigenschaften der Atomkerne, Isotopieeffekte, Isotopentrennung, radioaktiver Zerfall, radioaktive Strahlung, Zerfallsprozesse, Kernreaktionen, chemische Effekte der Kernreaktionen, Kernbrennstoffe, Großgeräte, Chemie der Radionuklide, künstliche Elemente und Anwendungen

beibehalten worden.

Hier soll vorwiegend auf die Veränderungen und Ergänzungen eingegangen werden. Folgende Beiträge wurden neu aufgenommen:

- Isospin und Strangeness (Kapitel 2)
- Spektroskopische Isotopieeffekte (Kapitel 3)
- Optische Verfahren der Isotopentrennung (Kapitel 4)
- Halbleiterdetektoren (Kapitel 6)
- Niederenergetische Kernreaktionen (Kapitel 8)
- Schwerionenreaktionen (Kapitel 8)
- Beschichtete Teilchen (coated particles), Kugelhaufenreaktor (Kapitel 11)
- Speicherring, Beschleunigerentwicklung (Kapitel 12)
- Markierungssynthesen mit ^{11}C, ^{13}N, ^{18}F, ^{123}J, ^{211}At (Kapitel 13)
- Displacement-Analysen-Methoden (Kapitel 15)
- Röntgenfluoreszenzanalyse (Kapitel 15)
- Nutzung radioaktiver Strahlung (Kapitel 15).

Überarbeitet bzw. auf den neuesten Stand gebracht wurden z.B. die Abschnitte Spontanspaltung (Kap. 7) (bis Element 105 erweitert), Kernspaltung (Kap. 8), theoretische Behandlung von Kernreaktionen (Kap. 11), Energiegewinnung durch Kernspaltung (Kap. 11), Reaktortypen (Kap. 11), Wiederaufbereitung von Kernbrennstoff (Kap. 11), Teilchenbeschleuniger (Kap. 12), Chemie der Radionuklide (Kap. 13).

Sehr umfassend wurde das Kapitel 14 — Künstliche Elemente, Bestrahlung mit schweren Ionen, Erweiterung des Periodensystems, Eigenschaften der transaktiniden Elemente — und das Kapitel 15 — Isotopenaustauschkinetik, *Mößbauer*spektroskopie, Geochemie und Kosmochemie, technische Indikatoranalyse, Ausnutzung der Streuung und Absorption von Kernstrahlung, Radionuklidbatterien — überarbeitet.

Dem Autor ist es gelungen, das Buch dem neuesten Stand des Wissens anzupassen und auch den Entwicklungen der letzten Jahre bei den Kernreaktoren, der Kernspaltung, den Teilchenbeschleunigern und den Transaktiniden Rechnung zu tragen. Dabei konnten auch Disproportionen der ersten Auflage weitgehend beseitigt werden. Die Literaturzitate wurden auf den neuesten Stand gebracht und wesentlich erweitert, was für das vertiefte Studium einzelner Kapitel von großem Wert ist.

Bei solch einem umfangreichen und umfassenden Werk ist es immer schwierig, in Inhalt und Umfang die optimale Auswahl zu treffen. So kann eine Kritik wohl nicht nur davon ausgehen, was der einzelne Leser sich gewünscht hätte, sondern was der Autor gewollt hat bzw. worauf er sich beschränken mußte. In diesem Sinne sind auch die nachfolgenden Bemerkungen zu werten.

Den Hauptbestanteil des Buches nehmen die kernphysikalischen Grundlagen (kernchemische, wenn man die Kernreaktionen einbezieht) ein. Das geht zwangsläufig zu Lasten der rein radiochemischen Betrachtungen, aber auch zu Lasten anderer wichtiger Teile wie der Aktivitätsdetektoren und -messungen. Es werden beispielsweise die Szintillationszähler (flüssig, fest) und die Autoradiographie nur sehr kurz behandelt und andere Detektoren, wie die Festkörperspurdetektoren, nicht erwähnt. Auch die Strahlenchemie kommt sehr knapp weg, wobei die weiter hinten unter „Nutzung der Strahlung" angestellten Betrachtungen zur technischen Anwendung wohl besser im Kapitel 10 aufgehoben wären.

Auch wenn das Kapitel 15 „Anwendung" wesentlich erweitert wurde, entspricht es doch kaum der Bedeutung und Verbreitung der dort zusammengefaßten Arbeitsgebiete.

Bedeutungsvoll für ein Lehrbuch ist die Tatsache, daß zwar auf die SI-Einheiten und deren Beziehung zu den alten Einheiten hingewiesen wird, aber alte und nicht mehr gültige Einheiten (Curie, erg, Kalorie, Röntgen, rd, rem usw.) durchweg weiter verwendet werden.

Das Buch kann Studierenden der Fachrichtung Radiochemie, den auf dem Gebiet der Isotopenforschung und -anwendung tätigen Wissenschaftlern und Ingenieuren sowie als Nachschlagewerk auch anderen Fachwissenschaftlern sehr empfohlen werden.

H. Koch

Production of Yellow Cake and Uranium Fluorides
Proc. of an Advisory Group Meeting, Paris 5–8, June 1979

Wien: IAEA 1980. (engl., span., franz., russ.); 355 S., 87 Abb., 69 Tab., 142 Lit.; karton. Austr. Schilling 520.–

46 Wissenschaftler aus 18 Ländern, in denen Uran gewonnen wird, hatte die IAEA zu einem Beratertreffen über die Herstellung von Urankonzentraten und -fluoriden geladen, um einen Überblick über die derzeitigen Produktionsverfahren zu gewinnen. In 22 Vorträgen wurden die in den verschiedenen Ländern angewandten Technologien dargelegt und begründet.

Sofern die Erze, deren mittlerer Urangehalt sich in den USA von 1972 bis 1978 von 0,21% auf 0,13% verringerte, nicht mehr als 6% Calciumcarbonat enthalten, wird das Uran in Gegenwart von Luft oder zusätzlicher Oxydationsmittel mit verdünnter Schwefelsäure als Sulfatouranylkomplex in Lösung gebracht und daraus mit einem stark basischen festen oder flüssigen Ionenaustauscher angereichert. Aus dem mit Ammoniumsulfat oder -chlorid oder mit Natriumchlorid eluierten Konzentrat wird mit Ammoniak, Magnesiumoxid, Natriumhydroxid oder Wasserstoffperoxid das entsprechende Diuranat oder Uranperoxid gefällt. Carbonatreiche Erze werden mit Natriumhydoxid ausgelaugt, und aus der Lösung wird Natriumdiuranat mit Natriumhydroxid gefällt. Die erhaltenen gelben Niederschläge („yellow cake") verlassen die Erzaufbereitungsanlagen und werden in weiteren Reinigungsschritten, wobei nach Lösen in Salpetersäure auch eine Extraktion des Uranylnitrates mit Tributylphosphat erfolgen kann, auf die geforderte Qualität gebracht.

Nachdem Ammoniumdiuranat bzw. Uranylnitrat zum Urantrioxid kalziniert und mit Wasserstoff zum Urandioxid reduziert worden ist, erfolgt die Weiterverarbeitung zu den entsprechenden Kernbrennstoffen.

Ein Teil des UO_2 findet direkt als Kernbrennstoff in Schwerwasserreaktoren Verwendung, die Hauptmenge wird jedoch mit Fluorwasserstoffsäure in Urantetrafluorid und dieses mit elektrolytisch erzeugtem elementarem Fluor in Uranhexafluorid, das Ausgangsmaterial für die Urananreicherungsverfahren, umgewandelt.

In den einzelnen Vorträgen werden eine Vielzahl verfahrenstechnischer Varianten vorgestellt und deren Einfluß auf die Qualität der erhaltenen Produkte diskutiert. Es wird auch auf die Besonderheiten der Prozesse eingegangen, bei denen Uran als Nebenprodukt bei der Gewinnung anderer Metalle aus den Erzen abgetrennt wird. In Südafrika erfolgt die saure Auslaugung des Urans vor der Cyanidlaugung zur Goldgewinnung.

Die Materialien vermitteln den an der Kernbrennstoffwirtschaft oder an hydrometallurgischen Aufbereitungsverfahren interessierten Wissenschaftlern und Technikern wertvolle Informationen.

S. Niese

Assumptions and approximations of part I have been tested on the basis of quantum chemical MNDO calculations carried out by *Hanschmann* for simple silicate structures. Results are used for interpretation of $\delta^{18}O$- and $\delta^{30}Si$-isotope equilibrium values in geological systems.

На основании квантовохимических расчетов MNDO, выполненных *Ханиманном*, предположения и приближения части I были подвергнуты проверке применительно к простым силикатным структурам. Результаты применяются для интерпретации величин $\delta^{18}O$ и $\delta^{30}Si$ в геологических системах.

V. Bulovič, J. Krtil, F. Sus, Z. Maksimovič, E. Klosova

Determination of the Nuclear Fuel Burning Process Balance by Gamma Spectrometry of Fission Products
Part II. Determination of the Plutonium Isotopic Composition and Content by Measuring Activities of ^{137}Cs, ^{134}Cs, and ^{106}Ru (*in Englisch*)

Isotopenpraxis 18 (1982) No. 5, p. 179 to 183
7 Fig., 6 Tab., 16 Ref.

The procedure for the determination of the plutonium isotopic composition and content in irradiated uranium fuel of a heavy water nuclear reactor by measuring ^{137}Cs, ^{134}Cs and ^{106}Ru activities has been experimentally tested. The testing was performed on an irradiated fuel from the First Czechoslovak Nuclear Power Plant A1. The accuracy of the obtained results was determined by comparison with the results of mass spectrometric measurements. The difference of both results vary between 1 and 9%. The causes of deviations were analyzed, and the influence of the error of the gamma-spectrometric measurements on the accuracy of the investigated procedure has been estimated.

В. Булович, И. Кртиль, Ф. Сус, З. Максимович, Э. Клюшова

Определение баланса процесса выгорания ядерного горючего путем гамма-спектрометрии продуктов деления
Часть II — Определение состава и содержания изотопов плутония путем измерения активности ^{138}Cs, ^{134}Cs и ^{106}Ru (*на англ. языке*)

Isotopenpraxis 18 (1982) вып., 5 стр. 179 до 183
7 рис., 6 табл., 16 лит.

Рассматривается метод определения состава и содержания изотопов плутония в облученном уране, служащем в качестве ядерного горючего, в тяжеловодном реакторе путем измерения активностей по ^{137}Cs, ^{134}Cs и ^{106}Ru. Исследования проводились на облученном ядерном горючем из первой чехословацкой атомной электростанции A I. Точность результатов проверялась путем сопоставления результатам масс-спектрометрических измерений. Отклонения между обоими результатами составляли от 1 до 9%. Анализировались причины отклонений, и оценивалось влияние погрешности гамма-спектрометрических измерений на точность рассматриваемого метода.

K. Unger, R. Quilitzsch

Determination of Plant Biosubstance by Means of Beta- and Gamma-Rays

Isotopenpraxis 18 (1982) No. 5, p. 183 to 187
9 Fig., 1 Tab. 14 Ref.

Three methods of non-contact determination of biosubstance by means of transirradiation are presented. A methodology is described, which allows determination both of the density of vegetable stock through attentuation of gamma-radiation, and of the density of a few single plants or leaves through attenuation of beta-radiation. Calibration and conversion render possible the determination of biosubstances, and to draw conclusions with regard to growth intensity and to changes in plant and leaf hydrature.

К. Унгер, Р. Квиллитщ

Определение биовещества растений с помощью бета- и гамма-лучей

Isotopenpraxis 18 (1982) вып. 5, стр. 183 до 187
9 рис., 1 табл., 14 лит.

Представляются три метода бесконтакного определения биовещества путем просвечивания. Описывается методика, позволяющая определить на основании ослабления гамма-излучения плотность запасов растений, а на основе ослабления бета-узличения — плотность немногих отдельных растений и листьев. Калибровка и пересчеты допускают определение биовещества и делать выводы относительно интенсивности роста, а также изменений гидтаруры растений или листьев.

M. Raieh, S. El-Bayoumy, A. El-Wetery

Factors Affecting the Labelling of Hippuran in Organic Medium (*in English*)

Isotopenpraxis 18 (1982) No. 5, p. 188 to 190
8 Fig., — Tab., 18 Ref.

Some factors affecting the labelling of hippuran in ethanol have been studied. It was found that the labelling yield increases with temperature, oxidizing agent and the presence of different concentrations of carrier decrease the rate of isotopic exchange. The rate of labelling was enhanced due to the presence of glass powder (heterogeneous catalyst). The effect of ultra-violet excitation on the labelling yield was investigated.
The stability of labelled hippuran to gamma radiation (^{60}Co unit) has been studied by using benzyl alcohol in labelled hippuran solution during gamma irradiation. The liberated iodine decreases by increasing the percentage of benzyl alcohol.

М. Райе, С. Эль-Баюми, А. Эл-Бетери

Факторы, воздействующие на процесс мечения гиппурана в органических веществах (*на англ. языке*)

Isotopenpraxis 18 (1982) вып. 5, стр. 188 до 190
8 рис., — табл., 18 лит.

Рассматривались некоторые факторы, воздействующие на процесс мечения гиппурана в этаноле. Было установлено, что выход мечения повышается с повышением температуры в то время, когда присутствие окислителей и различных концентраций носителей уменьшает скорость обмена изотопов. Процесс мечения улучшился в присутствии стекляного порошка (гетерогенный катализатор). Исследовался эффект ультравиолетового возбуждения на выход мечения.
Рассматривалась устойчивость меченого гиппурана к гамма-излучению (^{60}Co) с применением бензилового спирта в меченом гиппурановом растворе. Высвобождение йода уменьшается с повышением процента бензилового спирта.

U. Niese, J. Vecernik

Cyclic Voltammetry of Neptunium in Different Media (*in English*)

Isotopenpraxis 18 (1982) No. 5, p. 191 to 192
2 Fig., 1 Tab., 8 Ref.

NpO_2^{2+} or NpO_2^{+} can be determined simultaneously with Np^{4+} at the glassy carbon electrode in $HClO_4$ and HNO_3 solutions, because there is only one monoelectronic charge transfer for NpO_2^{2+}. In acetate buffer medium and in sulfuric acid the determination of NpO_2^{2+} or NpO_2^{+} is possible at the glassy carbon electrode, but in presence of Np^{4+} we found out an interaction between NpO^{2+} and Np^{4+}. Considering this effect the determination of NpO_2^{2+} is possible.

У. Нийзе, И. Вечерник

Циклическая вольтаметрия нептуния в различных средах (*на англ. языке*)

Isotopenpraxis 18 (1982) вып. 5, стр. 191 до 192
2 рис., 1 табл., 8 лит.

NpO_2^{2+} или NpO_2^{+} одновременно с Np^{4+} могут быть определены на стекляно-углеродистом электроде в растворах $HClO_4$ и HNO_3, т. к. восстановлвние происходит только до NpO_2^{+}.
В ацетатном буфере и серной кислоте возможно определение NpO_2^{2+} или NpO_2^{+} на стекляно-углеродистом электроде, однако в присутствии Np^{4+} имеет место взаимодействие NpO_2^{2+} с Np_4^{+}, которые нужно принимать в расчет при определении NpO_2^{2+}

(Fortsetzung des Inhaltsverzeichnisses)

NpO_2^{2+} oder NpO_2^{+} können gleichzeitig mit Np^{4+} an der Glas-Kohlenstoffelektrode in $HClO_4$- und HNO_3-Lösungen bestimmt werden, da die Reduktion nur bis zum NpO^{+} erfolgt. In Acetatpuffer-Medium und in Schwefelsäure ist die Bestimmung von NpO_2^{2+} oder NpO_2^{+} an der Glas-Kohlenstoffelektrode möglich, aber in Anwesenheit von Np^{4+} findet eine Wechselwirkung von NpO_2^{2+} mit Np^{4+} statt, die bei der Bestimmung von NpO_2^{2+} beachtet werden muß.

Contents of this Issue

Progress Reports

Articles

From Practice